全国环境影响评价工程师职业资格考试系列参考资料

环境影响评价技术导则与标准基础过关 800 题

（2013 年版）

徐　颂　主编

U0314037

中国环境出版社·北京

图书在版编目（CIP）数据

环境影响评价技术导则与标准基础过关 800 题：2013 年版/
徐颂主编. —6 版. —北京：中国环境出版社，2013.3
全国环境影响评价工程师职业资格考试系列参考资料
ISBN 978-7-5111-1331-3

Ⅰ．①环… Ⅱ．①徐… Ⅲ．①环境影响—评价—工程技术
人员—资格考试—习题集 Ⅳ．①X820.3-44

中国版本图书馆 CIP 数据核字（2013）第 030901 号

出 版 人	王新程
责任编辑	黄晓燕
文字编辑	邵 葵
责任校对	扣志红
封面设计	马 晓

出版发行 **中国环境出版社**
（100062 北京市东城区广渠门内大街 16 号）
网　　址：http://www.cesp.com.cn
电子邮箱：bjgl@cesp.com.cn
联系电话：010-67112765（编辑管理部）
发行热线：010-67125803，010-67113405（传真）

印　　刷　北京中科印刷有限公司
经　　销　各地新华书店
版　　次　2007 年 1 月第 1 版　2013 年 3 月第 6 版
印　　次　2013 年 3 月第 1 次印刷
开　　本　787×960　1/16
印　　张　14.25
字　　数　230 千字
定　　价　38.00 元

本书编委会

顾　问　王军玲　张增杰　韩玉花　王　岩

　　　　汪诚文　杜鹏飞　鱼红霞　刘小玉

主　任　徐　颂

委　员　陈士明　陈秋燕　徐家颖　魏兴琥

　　　　叶四化

前　　言

环境影响评价是我国环境管理制度之一,是从源头上预防环境污染的主要手段。环境影响评价工程师职业资格考试制度是提高环境影响评价水平的一种有效举措,它的实施将整体提高我国环境影响评价从业人员的专业素质。环境影响评价工程师职业资格考试于 2005 年开始实施,考试的科目设《环境影响评价相关法律法规》、《环境影响评价技术导则与标准》、《环境影响评价技术方法》、《环境影响评价案例分析》,其中前三个科目的考试全部采用客观题(单项选择题和不定项选择题)。

为帮助广大考生省时高效地复习应考,我们在总结八年来考试试题的基础上,精心编撰了这套参考书。编写本书的原则就是强调实战,急考生所急,有的放矢,在短时间内快速提高考生的应考能力。因为在复习过程中,做练习是检验复习效果的有效方法,是提高考试成绩的理想途径。

本丛书严格按 2013 年考试大纲的要求,以最新的法律、法规、各种技术导则、标准和方法为依据,按考试大纲逐条逐项编制而成。全部试题完全按照考试形式和考试要求编写,题目涵盖了大纲所有的考点,知识点突出、覆盖面广,出题角度新颖,仿真性强,部分练习在答案中附有详细解析,方便考生使用。

本书可作为参加环境影响评价工程师考试的辅导材料,并可供高等院校环境科学、环境工程等相关专业教学时参考。

本书在编写过程中,参阅了大量国内外相关文献和书籍,在此一并感谢。同时感谢中国环境出版社黄晓燕编辑为本书付出的劳动。

尽管我们付出了艰辛的劳动,精心编写,但由于水平有限,本书可能存在疏漏,不足之处在所难免,敬请同行和读者批评指正。

更多考试资信请查看徐颂博客http://fsxusong.blog.163.com/。

编　者
2013 年 2 月

目 录

第一章 环境保护标准体系 1
　　参考答案 4

第二章 环境影响评价技术导则—总纲 6
　　参考答案 19

第三章 大气环境影响评价技术导则与相关标准 22
　　第一节 环境影响评价技术导则—大气环境 22
　　参考答案 38
　　第二节 相关大气环境标准 41
　　参考答案 51

第四章 地面水环境影响评价技术导则与相关标准 54
　　第一节 环境影响评价技术导则—地面水环境 54
　　参考答案 73
　　第二节 相关水环境标准 78
　　参考答案 92

第五章 地下水环境影响评价技术导则 96
　　参考答案 111

第六章 声环境影响评价技术导则与相关标准 114
　　第一节 环境影响评价技术导则—声环境 114
　　参考答案 130
　　第二节 相关声环境标准 133
　　参考答案 146

第七章　生态影响评价技术导则与相关标准 ……………………………………151

　　第一节　环境影响评价技术导则—生态影响 …………………………151

　　参考答案 …………………………………………………………………161

　　第二节　土壤环境质量 …………………………………………………164

　　参考答案 …………………………………………………………………166

第八章　开发区区域环境影响评价技术导则 …………………………………167

　　参考答案 …………………………………………………………………176

第九章　规划环境影响评价技术导则 …………………………………………178

　　参考答案 …………………………………………………………………183

第十章　建设项目环境风险评价技术导则 ……………………………………185

　　参考答案 …………………………………………………………………192

第十一章　建设项目竣工环境保护验收技术规范—生态影响类 ……………195

　　参考答案 …………………………………………………………………203

第十二章　有关固体废弃物污染控制标准 ……………………………………205

　　参考答案 …………………………………………………………………217

参考文献 …………………………………………………………………………220

第一章　环境保护标准体系

一、单项选择题（每题的备选项中，只有一个最符合题意）

1. 按我国环境标准体系构成的分类，环境标准可分为（　　）。

 A. 地方与行业　　　　　　　　B. 海洋与陆域

 C. 国家级与地方级　　　　　　D. 国家、省（市）、区县级

2. 下列关于不同环境功能区执行的环境质量标准等级或类别的表述，正确的是（　　）。

 A. 一类环境空气质量功能区的执行大气二级质量标准

 B. 三类环境空气质量功能区执行大气二级质量标准

 C. 集中式生活饮用水地表水源地一级保护区，执行Ⅱ类地表水环境质量标准

 D. 集中式生活饮用水地表水源地二级保护区，执行Ⅱ类地表水环境质量标准

3. 以下不属于国家已颁布污染物排放标准的是（　　）。

 A.《加油站大气污染物排放标准》　　B.《钢铁工业大气污染物排放标准》

 C.《水泥工业大气污染物排放标准》　　D.《炼焦炉大气污染物排放标准》

4. 以下环境功能区类别划分为三类的是（　　）。

 A. 土壤环境　　　　　　　　　B. 地下水环境

 C. 地表水环境　　　　　　　　D. 声环境

5. 国家环境质量标准是（　　）。

 A. 污染源控制的标准　　　　　B. 环境质量的技术标准

 C. 环境质量的基础标准　　　　D. 环境质量的目标标准

6. 对环境标准工作中的技术术语、符号、代号（代码）、图形、指南、导则、量纲单位及信息编码等作统一规定，这类环境标准称（　　）。

 A. 国家环境标准样品标准　　　B. 国家环境基础标准

 C. 国家环保总局标准　　　　　D. 国家环境质量标准

7. 关于国家环境标准与地方环境标准的关系，说法正确的是（　　）。

 A. 执行上，地方环境标准优先于国家环境标准

 B. 执行上，国家环境标准优先于地方环境标准

 C. 执行上，地方环境监测方法标准优先于国家环境监测方法标准

D. 执行上，国家污染物排放标准优先于地方污染物排放标准

8. 下列关于跨行业综合性污染物排放标准与行业污染物排放标准的说法，错误的是（　　）。

A. 有行业性排放标准的执行行业排放标准

B. 《锅炉大气污染物排放标准》属专项排放标准

C. 没有行业排放标准的执行综合排放标准

D. 综合性排放标准与行业性排放标准有时可交叉执行

9. 下列关于各类环境标准之间的关系，说法错误的是（　　）。

A. 环境方法标准是制定、执行环境质量标准、污染物排放标准的主要技术依据之一

B. 污染物排放标准是实现环境质量标准的主要手段、措施

C. 环境基础标准是为制定环境质量标准、污染物排放标准、环境方法标准确定总的原则、程序和方法

D. 环境质量标准是环境质量的目标，是制定污染物排放标准的最主要依据

二、不定项选择题（每题的备选项中至少有一个符合题意）

1. 某省 2000 年发布了严于国家的地方大气污染物排放标准，规定 A 污染物和 B 污染物排放分别执行 80 mg/m³ 和 400 mg/m³。2003 年国家修订原大气污染物排放标准，要求 A 污染物和 B 污染物排放分别执行 100 mg/m³ 和 200 mg/m³。目前该省 A 污染物和 B 污染物排放标准应分别执行（　　）mg/m³。

A. A 污染物 80 　　　　　　　　B. A 污染物 100

C. B 污染物 200 　　　　　　　　D. B 污染物 400

2. 根据我国环境标准管理的有关规定，省级人民政府可组织制订（　　）。

A. 环境基础标准 　　　　　　　　B. 监测方法标准

C. 环境保护行业标准 　　　　　　D. 污染物排放标准

E. 环境质量标准

3. 按照国家与地方环境保护标准相关关系的有关规定，对于国家环境保护标准已做规定的项目，以下可由省级人民政府制定的地方环境保护标准有（　　）。

A. 严于国家的大气污染物排放标准　　B. 严于国家的环境空气质量标准

C. 严于国家的地表水环境质量标准　　D. 严于国家的水污染物排放标准

4. 环境质量标准分级一般与环境功能区类别相对应，以下关于前述对应关系表述正确的有（　　）。

A. 环境空气质量功能区分为 3 类，分别执行一级～三级标准值

B. 地表水环境质量功能区分为 5 类，分别执行Ⅰ类～Ⅴ类标准值

  C．声环境功能区分为 5 类，分别执行 1 类～5 类标准值

  D．土壤环境质量分为 3 类，分别执行一级～三级标准值

5．关于地方环境标准制定，说法正确的有（　　　）。

  A．对国家环境质量标准中未作规定的项目，可以制定地方环境质量标准

  B．对国家污染物排放标准中未作规定的项目，可以制定地方污染物排放标准

  C．对国家环境质量标准中已作规定的项目，可以制定严于国家的地方环境质量标准

  D．对国家污染物排放标准中已作规定的项目，可以制定严于国家的地方污染物排放标准

6．我国环境标准可分为（　　　）。

  A．国家环境保护标准　　　　　　　　B．地方环境保护标准

  C．环境保护基础标准　　　　　　　　D．环境保护部标准

7．我国环境标准体系中的地方环境保护标准可以分为（　　　）。

  A．地方环境监测方法标准　　　　　　B．地方环境质量标准

  C．地方污染物排放（控制）标准　　　D．地方环境标准样品标准

8．我国环境标准体系中的国家环境保护标准可以分为（　　　）。

  A．国家环境标准样品标准　　　　　　B．国家环境基础标准

  C．国家环境监测方法标准　　　　　　D．国家环境质量标准

  E．国家污染物排放（控制）标准

9．下列关于地方污染物排放（控制）标准，说法正确的是（　　　）。

  A．国家污染物排放标准中未做规定的项目可以制定地方污染物排放标准

  B．国家污染物排放标准已规定的项目，可以制定严于国家污染物排放标准的地方污染物排放标准

  C．省、自治区、直辖市人民政府制定机动车船大气污染物地方排放标准严于国家排放标准的，须报经国务院批准

  D．地方污染物排放（控制）标准是对国家环境标准的补充和完善

10．国家环境监测方法标准包括（　　　）。

  A．监测环境质量和污染物排放分析方法的统一规定

  B．监测环境质量和污染物排放测定方法的统一规定

  C．监测环境质量和污染物排放采样方法的统一规定

  D．监测环境质量和污染物排放数据处理的统一规定

11．国家环境基础标准包括（　　　）。

  A．标准中需要统一的信息编码

  B．编制环境质量标准和排放标准的基础数据

C. 标准中需要统一的符号图形

D. 标准中需要统一的技术术语

12. 下列可以由省、自治区、直辖市人民政府制定的标准是（   ）。

A. 地方监测方法标准　　　　　　　B. 地方环境质量标准

C. 地方环境基础标准　　　　　　　D. 地方污染物排放（控制）标准

13. 下列有权制定地方环境质量标准的机构是（   ）。

A. 自治区人民政府　　　　　　　　B. 自治州人民政府

C. 省人民政府　　　　　　　　　　D. 直辖市人民政府

E. 省环保局

参考答案

一、单项选择题

1. C

2. C 【解析】2005年考题，集中式生活饮用水地表水源地一级保护区执行Ⅱ类，二级保护区执行Ⅲ类。

3. B 【解析】2009年考题。至2009年，已颁布《钢铁工业水污染物排放标准》，而不是大气污染物排放标准，但有些地方颁布了钢铁工业大气标准。

4. A 【解析】2009年考题。土壤环境划分为三类，环境空气目前划为二类，其余均为五类。

5. D　6. B

7. A 【解析】目前，环境监测方法标准都是由国家制定的。

8. D

9. D 【解析】选项D的正确说法应该是"环境质量标准是环境质量的目标，是制定污染物排放标准的主要依据之一"。

二、不定项选择题

1. AC

2. DE 【解析】2006年考题，省级人民政府可组织制订地方标准，地方标准包含排放标准和质量标准。

3. AD 【解析】2007年考题。对于质量标准而言，对于环境质量标准，目前还没有相关规定认为省级人民政府应制定严于国家的环境质量标准。国家环境质量标准中未规定的污染物项目，可以补充制定地方环境质量标准。排放标准则两者都可以。

4. ABD【解析】2008 年考题。声环境功能区分为 5 类，分别执行 0～4 类标准值。

5. ABD【解析】2010 年考题，高频考点。

6. ABD　【解析】环境保护基础标准是国家环境保护标准的一种。

7. BC　8. ABCDE　9. ABCD　10. ABCD　11. ACD

12. BD　【解析】在我国，环境标准体系只有地方环境质量标准和地方污染物排放（控制）标准可由省、自治区、直辖市人民政府制定。"监测方法标准"和"环境基础标准"只有"国家级"的标准，没有地方标准之说。

13. ACD　【解析】地方环境标准由省、自治区、直辖市人民政府制定。自治州人民政府不是省级政府机构，属于地市级。

第二章　环境影响评价技术导则—总纲

一、单项选择题（每题的备选项中，只有一个最符合题意）

1．根据《环境影响评价技术导则—总纲》，环境影响评价工作一般分三个阶段，即（　　）。

　　A．准备阶段，正式工作阶段，报告书编制阶段

　　B．准备阶段，正式工作阶段，环境影响评价文件编制阶段

　　C．前期准备、调研和工作方案，分析论证和预测评价，环境影响评价文件编制

　　D．前期准备、调研和工作方案，分析论证和预测评价，报告书编制

2．根据《环境影响评价技术导则—总纲》，公众参与应在环境影响评价工作程序中的（　　）阶段完成？

　　A．前期准备、调研和工作方案阶段

　　B．分析论证和预测评价阶段

　　C．贯穿于三个阶段中

　　D．环境影响评价文件编制阶段

3．根据《环境影响评价技术导则—总纲》，（　　）需进行资源利用合理性分析？

　　A．所有建设项目　　　　　　　　B．已开展规划环境影响评价的

　　C．污染型项目　　　　　　　　　D．未开展规划环境影响评价的

4．根据《环境影响评价技术导则—总纲》，环境影响因素识别是在了解和分析建设项目所在区域（　　）的基础上，分析和列出建设项目的直接和间接行为，以及可能受上述行为影响的环境要素及相关参数。

　　A．土地利用规划、环境保护规划、环境功能区划、生态功能区划及环境现状

　　B．发展规划、环境保护规划、环境功能区划、生态功能区划及环境现状

　　C．国土利用规划、环境保护规划、环境功能区划、生态功能区划

　　D．发展规划、环境保护规划、环境功能区划、生态功能区划

5．根据《环境影响评价技术导则—总纲》，在环境影响因素识别时，（　　）应作为环境影响评价的重点内容。

　　A．对建设项目实施形成制约的关键环境因素或条件

　　B．大气环境和水环境的预测和评价

  C. 环境现状调查和评价

  D. 环境保护措施的可行性和合理性分析

  6. 根据《环境影响评价技术导则—总纲》，评价因子筛选时，应重点关注（ ）。

  A. 环境保护目标   B. 建设项目特点

  C. 特征污染物   D. 环境制约因素

  7. 根据《环境影响评价技术导则—总纲》，未制定专项环境影响评价技术导则的，根据建设项目（ ）确定环境影响评价范围。

  A. 可能影响程度   B. 可能影响范围

  C. 排污特征   D. 所处区域环境敏感程度

  8. 根据《环境影响评价技术导则—总纲》，根据评价范围（ ），确定各评价因子所采用的环境质量标准及相应的污染物排放标准。

  A. 各环境要素的历史特点   B. 各环境要素的现状特点

  C. 各环境要素的环境功能区划   D. 各环境要素所影响程度

  9. 根据《环境影响评价技术导则—总纲》，关于环境影响评价方法的选取，说法正确的是（ ）。

  A. 优先选用先进的技术方法，鼓励使用成熟的技术方法，慎用处于研究阶段
    尚没有定论的方法

  B. 优先选用成熟的技术方法，鼓励使用先进的技术方法，慎用处于研究阶段
    尚没有定论的方法

  C. 优先选用先进的技术方法，鼓励使用处于研究阶段的技术方法，慎用有争
    议的方法

  D. 优先选用成熟的技术方法，鼓励使用科学研究阶段的技术方法，慎用有争
    议的方法

  10. 根据《环境影响评价技术导则—总纲》，环境影响评价方法的选取应采用（ ）。

  A. 定量评价为主

  B. 定性评价为主

  C. 定量评价与定性评价相结合的方法，以量化评价为主

  D. 定量评价与定性评价相结合的方法，以定性评价为主

  11. 根据《环境影响评价技术导则—总纲》，工程分析应用的数据资料要真实、准确、可信，类比分析数据、资料应分析其（ ）。

  A. 可靠性和时效性   B. 相同性或者时效性

  C. 时效性或者相似性   D. 相同性或者相似性

  12. 根据《环境影响评价技术导则—总纲》，做好水平衡的原则是根据（ ）。

A. 清污分流、一水多用、节约用水　　B. 集中处理、一水多用

C. 早期介入　　　　　　　　　　　　D. 节约用水

13. 根据《环境影响评价技术导则—总纲》，工程分析时，对环境保护措施和设施的分析应给出环境保护设施的（　　）。

A. 工艺流程、投入产生、处理效果　　B. 工艺流程、处理规模、施工方案

C. 工艺流程、处理规模、经济效益　　D. 工艺流程、处理规模、处理效果

14. 根据《环境影响评价技术导则—总纲》，工程分析时，在生态影响因素分析中，应特别关注（　　）分析。

A. 特殊工程点段　　　　　　　　　　B. 区域性影响

C. 间接性影响　　　　　　　　　　　D. 累积性影响

15. 根据《环境影响评价技术导则—总纲》，对于环境质量和区域污染源现状调查监测点位的布设原则是（　　）。

A. 均匀布设兼顾代表性

B. 以环境功能区为主兼顾均布性和代表性

C. 以环境敏感目标为主兼顾均布性和代表性

D. 以上下风向为主兼顾均布性和代表性

16. 根据《环境影响评价技术导则—总纲》，对于环境质量和区域污染源现状调查，对选定的评价因子及各环境要素的质量现状评价采用（　　）进行？

A. 单因子污染指数法或相关标准规定的评价方法

B. 单因子污染指数法

C. 单因子标准指数法或相关标准规定的评价方法

D. 等标污染指数法

17. 根据《环境影响评价技术导则—总纲》，预测和评价的环境因子应包括反映（　　）。

A. 评价区一般质量状况的常规因子

B. 建设项目特征的特性因子

C. 评价区一般质量状况的常规因子和建设项目特征的特性因子

D. 评价区质量状况的特性因子和建设项目的常规因子

18. 根据《环境影响评价技术导则—总纲》，建设项目在进行预测和评价时，须考虑环境质量背景与（　　）建设项目同类污染物环境影响的叠加。

A. 在建的和未建的　　　　　　　　　B. 已建的

C. 已建的、在建的和未建的　　　　　D. 已建的和在建的

19. 根据《环境影响评价技术导则—总纲》，建设项目环境影响预测与评价时，对于环境质量不符合环境功能要求的，应结合当地（　　）进行环境质量变化预测。

　　A．总量控制指标　　　　　　　　B．环境整治计划

　　C．环境功能区划　　　　　　　　D．城市总体规划

20．根据《环境影响评价技术导则—总纲》，对于社会环境影响评价因子，应（　　　）评价因子的变化。

　　A．定量预测　　　　　　　　　　B．定性描述

　　C．定量预测和定性描述　　　　　D．定量预测或定性描述

21．根据《环境影响评价技术导则—总纲》，生态保护措施须落实到具体时段和具体位置上，并特别注意（　　　）的环境保护措施。

　　A．运行期初期　　　B．施工期　　　C．运行期　　　D．服务期满后

22．根据《环境影响评价技术导则—总纲》，污染物总量控制的原则是（　　　）。

　　A．节能减排　　　　　　　　　　B．满足污染物达标排放

　　C．满足环境质量要求　　　　　　D．满足清洁生产

23．根据《环境影响评价技术导则—总纲》，对于同一建设项目多个建设方案应从（　　　）角度进行比选。

　　A．技术可行性　　　　　　　　　B．经济合理性

　　C．经济效益　　　　　　　　　　D．环境保护

二、不定项选择题（每题的备选项中至少有一个符合题意）

1．根据《环境影响评价技术导则—总纲》，下列属于环境影响评价原则的是（　　　）。

　　A．广泛参与原则　　　　　　　　B．完整性原则

　　C．早期介入原则　　　　　　　　D．依法评价原则

2．根据《环境影响评价技术导则—总纲》，环境影响评价应尽早介入工程前期工作中，重点关注（　　　）。

　　A．选址（或选线）的环境可行性　B．工艺路线的环境可行性

　　C．保护措施的环境可行性　　　　D．施工方案的环境可行性

3．根据《环境影响评价技术导则—总纲》，环境影响评价应体现完整性原则，根据建设项目的工程内容及其特征，对（　　　）进行分析、评价，突出环境影响评价重点。

　　A．工程内容　　　B．影响时段　　　C．影响因子　　　D．作用因子

4．根据《环境影响评价技术导则—总纲》，环境影响评价为了体现广泛参与原则，环境影响评价应广泛吸收下列哪些单位或个人的意见？（　　　）

　　A．相关学科专家　　　　　　　　B．有关单位和个人

　　C．当地环境保护管理部门　　　　D．相关行业专家

5. 根据《环境影响评价技术导则—总纲》，资源利用合理性分析应根据建设项目所在区域资源禀赋，（   ）。

A. 量化分析建设项目与所在区域资源承载能力的相容性

B. 明确工程占用区域资源的合理份额

C. 分析建设项目所在区域所有资源使用情况

D. 分析项目建设的制约因素

6. 某工程位于农业用水严重缺乏的地区，所在区域未开展规划环境影响评价，据《环境影响评价技术导则—总纲》，该建设项目进行水资源利用的合理性分析时，应（   ）。

A. 分析建设项目建设与所在区域水资源承载力的相容性

B. 分析建设项目建设与所在区域土地资源承载力的相容性

C. 明确该建设项目占用区域土地资源承载力的合理份额

D. 明确该建设项目占用区域水资源承载力的合理份额

7. 根据《环境影响评价技术导则—总纲》，下列哪些属环境合理性分析的内容？（   ）

A. 分析建设项目选址是否符合相关规划的环境保护要求

B. 分析建设项目选线是否符合相关规划的环境保护要求

C. 分析建设项目选址、选线、设计参数是否符合相关规划的要求

D. 分析建设项目设计参数是否符合相关规划的环境保护要求

E. 分析建设项目的环境影响是否符合相关规划的环境保护要求

8. 根据《环境影响评价技术导则—总纲》，环境影响因素识别的内容包括（   ）。

A. 明确建设项目在不同阶段的各种行为与可能受影响的环境要素间的作用效应关系

B. 定性分析建设项目对各环境要素可能产生的污染影响与生态影响

C. 定量分析建设项目对各环境要素可能产生的污染影响与生态影响

D. 明确建设项目在施工过程、生产运行、服务期满后等不同阶段的各种行为与可能受影响的环境要素间的影响性质、影响范围、影响程度等

9. 根据《环境影响评价技术导则—总纲》，环境影响因素识别方法可采用（   ）。

A. 网络法   B. 矩阵法

C. GIS 支持下的叠加图法   D. 类比调查法

10. 根据《环境影响评价技术导则—总纲》，评价因子筛选时，评价因子须能够反映（   ）。

A. 环境影响的主要特征   B. 区域环境的基本状况

C. 排污特征   D. 建设项目特点

11．根据《环境影响评价技术导则—总纲》，关于评价等级的划分，说法正确的是（　　）。

A．建设项目各环境要素专项评价原则上应划分工作等级，一般可划分为三级

B．一级评价对环境影响进行较为详细、深入评价

C．具体的评价工作等级内容要求参阅专项和行业建设项目环境影响评价技术导则的相关规定

D．建设项目的其他专题评价也应划分评价等级

12．根据《环境影响评价技术导则—总纲》，各环境要素专项评价工作等级按（　　）等因素进行划分。

A．建设项目特点　　　　　　　　B．相关法律法规、标准及规划

C．所在地区的环境特征　　　　　D．环境功能区划

13．根据《环境影响评价技术导则—总纲》，关于专项评价工作等级的调整，说法正确的是（　　）。

A．可根据建设项目所处区域环境敏感程度、工程污染特征进行适当调整

B．评价工作等级调整的幅度可以超过一级，并应说明调整的具体理由

C．可根据建设项目所处区域生态影响特征及其他特殊要求进行适当调整

D．评价工作等级调整的幅度不超过一级，并应说明调整的具体理由

14．根据《环境影响评价技术导则—总纲》，建设项目依据下列（　　），专项评价工作等级可适当调整。

A．工程污染特征　　　　　　　　B．其他特殊要求

C．生态影响特征　　　　　　　　D．所处区域环境敏感程度

15．根据《环境影响评价技术导则—总纲》，关于环境影响评价范围的确定，说法正确的是（　　）。

A．各环境要素和专题的评价范围按各专项环境影响评价技术导则的要求确定

B．未制定专项环境影响评价技术导则的，根据建设项目可能影响范围确定环境影响评价范围

C．各环境要素和专题的评价范围按可能影响程度确定评价范围

D．当评价范围外有环境敏感区的，应适当外延

16．根据《环境影响评价技术导则—总纲》，关于环境影响评价标准的确定，说法错误的是（　　）。

A．有地方污染物排放标准的，应优先选择地方污染物排放标准

B．根据评价范围各环境要素的影响程度，确定各评价因子所采用的环境质量标准及相应的污染物排放标准

C．国家污染物排放标准中没有限定的污染物，可采用当地环保部门拟定的标准

D. 生产或服务过程的清洁生产分析采用国家发布的清洁生产规范性文件

17. 根据《环境影响评价技术导则—总纲》，关于工程分析的基本要求，说法正确的是（　　　）。

A. 对建设项目的规划、可行性研究和初步设计等技术文件中提供的资料、数据、图件等，可直接引用

B. 应用的数据资料要真实、准确、可信

C. 结合建设项目工程组成、规模、工艺路线，对建设项目环境影响因素、方式、强度等进行详细分析与说明

D. 工程分析应突出重点

18. 根据《环境影响评价技术导则—总纲》，工程分析的主要方法有（　　　）。

A. 类比分析法　　　　　　　　　B. 物料平衡计算法

C. 实测法　　　　　　　　　　　D. 实验法

E. 查阅参考资料分析法

19. 根据《环境影响评价技术导则—总纲》，下列哪些属工程分析的内容？（　　　）

A. 污染影响因素分析　　　　　　B. 环境现状调查

C. 工程基本数据　　　　　　　　D. 原辅材料、产品、废物的储运

E. 环境保护措施和设施

20. 根据《环境影响评价技术导则—总纲》，关于工程分析数据资料的使用，说法错误的是（　　　）。

A. 对建设项目的可行性研究提供的资料、数据、图件等，应进行分析后引用

B. 引用现有资料进行环境影响评价时，应分析其可比性

C. 类比分析数据、资料应分析其时效性

D. 应用的数据资料要真实、准确、可信

21. 根据《环境影响评价技术导则—总纲》，下列（　　　）属工程分析的内容。

A. 生态影响因素分析　　　　　　B. 交通运输

C. 公用工程　　　　　　　　　　D. 非正常工况分析

E. 污染物排放统计汇总

22. 根据《环境影响评价技术导则—总纲》，工程分析时需要做（　　　）。

A. 物料平衡　　　　　　　　　　B. 燃料平衡

C. 水平衡　　　　　　　　　　　D. 特征污染物平衡

E. 土石方平衡

23. 根据《环境影响评价技术导则—总纲》，工程分析中的水平衡，需（　　　）。

A. 给出总用水量、新鲜用水量、废水产生量、处理量和最终外排量

B. 给出循环使用量、回用量，并明确具体的回用部位

C．分析废水回用的可行性

D．按照国家节约用水的要求，提出进一步节水的有效措施

24．根据《环境影响评价技术导则—总纲》，对于异地搬迁建设项目，在工程分析时，需说明（　　　）。

A．现有工程的基本情况

B．污染排放及达标情况

C．存在的环境保护问题及拟采取的整改措施

D．异地搬迁的原因及与产业政策相符性分析

25．根据《环境影响评价技术导则—总纲》，在工程分析时，对于污染影响因素分析，需明确（　　　）。

A．绘制包含产污环节的生产工艺流程图

B．列表给出污染物的种类、性质、产生量、产生浓度、削减量、排放量、排放浓度、排放方式、排放去向及达标情况

C．分析建设项目存在的具有致癌、致畸、致突变的物质及具有持久性影响的污染物的来源、转移途径和流向

D．各种治理、回收、利用、减缓措施状况

26．根据《环境影响评价技术导则—总纲》，工程分析时，对于生态影响因素分析，除应特别关注特殊工程点段分析外，还应关注（　　　）等特有影响因素的分析。

A．有利影响　　　　　　　　　　B．区域性影响

C．间接性影响　　　　　D．累积性影响　　　　　E．长期影响

27．根据《环境影响评价技术导则—总纲》，工程分析时，对于非正常工况分析，需明确（　　　）。

A．找出非正常排放的来源

B．给出非正常排放污染物的种类、成分、数量与强度

C．给出非正常排放污染物的工艺流程

D．给出非正常排放污染物产生环节、原因、发生频率及控制措施

28．根据《环境影响评价技术导则—总纲》，工程分析时，对于建设项目而言，需针对（　　　）的各种污染物浓度、排放量、排放方式、排放条件与去向等进行统计汇总。

A．有组织排放　　　　　　　　　B．无组织排放

C．正常工况排放　　　　　　　　D．非正常工况排放

29．根据《环境影响评价技术导则—总纲》，工程分析时，对于非正常工况是指（　　　）。

A．施工阶段的开车、停车、检修　　B．生产运行阶段的停车

C．生产运行阶段的开车　　　　　　D．生产运行阶段检修

30．根据《环境影响评价技术导则—总纲》，工程分析时，对于改扩建项目的污染物排放总量统计，需汇总（　　　　）。

A．现有项目污染物产生量、排放量及其变化量

B．在建项目污染物产生量、排放量

C．改扩建项目污染物产生量、排放量及实施后的增减量

D．改扩建项目建成后最终的污染物排放总量

31．根据《环境影响评价技术导则—总纲》，对于环境现状调查与评价的基本要求，说法正确的是（　　　　）。

A．调查的有关参数应结合各专项评价的工作等级和调查范围筛选

B．现场调查和测试优先，其次才搜集和利用现有的有效资料

C．与建设项目有密切关系的环境状况应全面、详细调查，给出定性的数据并做出分析或评价

D．对一般自然环境与社会环境的调查，应据评价地区的实际情况，适当增减

32．根据《环境影响评价技术导则—总纲》，对于环境现状调查的有关参数筛选，应考虑下列（　　　　）因素。

A．建设项目污染源特点　　　　　　B．建设项目所在地区的环境特点

C．评价的工作等级　　　　　　　　D．评价范围

33．根据《　总纲》，环境现状调查的方法有（　　　　）。

A．类比分析法　　　　　　　　　　B．物料平衡计算法

C．收集资料法　　　　　　　　　　D．现场调查法

E．遥感和地理信息系统分析方法

34．根据《环境影响评价技术导则—总纲》，对于环境质量和区域污染源调查与评价，应根据（　　　　）选择环境要素进行调查与评价。

A．建设项目特点　　　　　　　　　B．当地环境特征

C．可能产生的环境影响　　　　　　D．评价的工作等级

35．根据《环境影响评价技术导则—总纲》，对于环境质量和区域污染源现状调查，污染源调查的主要污染因子的确定应选择下列（　　　　）。

A．建设项目等标排放量较大的污染因子

B．影响评价区环境质量的主要污染因子

C．影响评价区环境质量的特殊因子

D．建设项目的特殊污染因子

36．根据《环境影响评价技术导则—总纲》，对于环境质量和区域污染源现状调查，下列说法正确的是（　　　　）。

A．污染源调查时注意点源与非点源的分类调查

B．各环境要素的质量现状进行评价后要说明环境质量的变化趋势

C．先收集评价范围内各例行监测点、断面或站位的近期环境监测资料或背景值调查资料，后监测

D．根据调查和评价结果，要分析存在的环境问题，并提出解决问题的方法或途径

37．根据《环境影响评价技术导则—总纲》，预测和评价的环境因子应包括反映（　　）。

A．评价区一般质量状况的常规因子

B．建设项目特征的特性因子

C．建设项目的常规因子

D．评价区质量状况的特性因子

38．根据《环境影响评价技术导则—总纲》，建设项目的环境影响分析、预测和评价的范围、时段、内容及方法应根据下列哪些情况而定。（　　）

A．工程投资额　　　　　　　　　B．评价工作等级

C．当地的环境保护要求　　　　　D．工程与环境特性

39．根据《环境影响评价技术导则—总纲》，建设项目环境影响预测与评价时，均应根据其评价工作等级、工程与环境特性、当地的环境保护要求而定的是（　　）。

A．环境影响分析、预测和评价的范围

B．环境影响分析、预测和评价的时段

C．环境影响分析、预测和评价的内容

D．环境影响分析、预测和评价的方法

40．根据《环境影响评价技术导则—总纲》，目前使用较多的环境影响预测方法有（　　）。

A．数学模式法　　　　　　　　　B．矩阵法

C．类比调查法　　　D．物理模型法　　　E．专业判断法

41．根据《环境影响评价技术导则—总纲》，建设项目的环境影响，按照建设项目实施过程的不同阶段，可以划分为（　　）的环境影响。

A．运行初期　　　　　　　　　　B．建设阶段

C．生产运行阶段　　　　　　　　D．服务期满后

42．根据《环境影响评价技术导则—总纲》，一般情况，下列（　　）需进行环境影响预测。

A．生产运行阶段正常排放　　　　B．生产运行阶段非正常排放

C．生产运行阶段事故排放　　　　D．服务期满

43. 根据《环境影响评价技术导则—总纲》，下列（　　）需进行环境风险评价。

    A. 所有建设项目

    B. 外来生物入侵的生态风险项目

    C. 存在重大危险源，存在潜在事故并可能对健康造成危害的建设项目

    D. 存在重大危险源，存在潜在事故并可能对社会及生态造成危害的建设项目

44. 根据《环境影响评价技术导则—总纲》，下列关于环境影响预测和评价内容，说法正确的是（　　）。

    A. 建设项目的不同选址、选线方案，也应分析其环境影响

    B. 建设项目服务期满应进行环境影响评价外，还要提出环境保护措施

    C. 进行环境影响评价时，无需考虑环境对建设项目影响的承载能力

    D. 所采用的环境影响预测方法要分析其适用性

45. 根据《环境影响评价技术导则—总纲》，下列（　　）方面的影响评价属需社会环境影响评价。

    A. 征地拆迁、移民安置　　　　　B. 基础设施

    C. 振动　　　　　　　　　　　　D. 人群健康

    E. 人文景观、文物古迹

46. 根据《环境影响评价技术导则—总纲》，对于社会环境影响分析的要求，说法错误的是（　　）。

    A. 仅分析负面的社会环境影响

    B. 既要分析正面的社会环境影响，也要分析负面的社会环境影响

    C. 对负面的社会环境影响，要提出相应的对策与措施

    D. 对正面的社会环境影响，要提出相应的改进和提升措施

47. 根据《环境影响评价技术导则—总纲》，关于公众参与的要求、对象、形式，下列说法错误的是（　　）。

    A. 公众参与应贯穿于环境影响评价工作的全过程中

    B. 公众参与对象仅包括可能受到建设项目直接影响的有关企事业单位、社会团体、非政府组织、居民、专家和公众等

    C. 公众参与应充分注意参与公众的广泛性和代表性

    D. 公众参与至少应采取包括问卷调查、座谈会、论证会、听证会及其他形式在内的两种形式，征求有关团体、专家和公众的意见

48. 根据《环境影响评价技术导则—总纲》，下列（　　）属建设项目信息公开的主要内容。

    A. 建设项目概况

    B. 主要的环境影响、预计的环境风险和后果、影响范围和程度

C. 涉密的建设内容

D. 拟采取的主要对策措施和效果

49. 根据《环境影响评价技术导则—总纲》，关于公众反馈意见的处理要求，说法正确的是（　　）。

A. 对每一类公众反馈意见要在归类分析的基础上进行综合评述

B. 对每一类公众意见，均应进行认真分析

C. 对每一类公众意见，应回答采纳的理由，但对不采纳的意见无需说明理由

D. 按"有关团体、专家、公众"对所有的反馈意见进行归类与统计分析

50. 根据《环境影响评价技术导则—总纲》，对于拟采取环境保护措施的论证应从（　　）进行论证。

A. 技术可行性　　　　　　　　　　B. 经济合理性

C. 长期稳定运行和达标排放的可靠性

D. 满足环境质量与污染物排放总量控制要求的可行性

51. 根据《环境影响评价技术导则—总纲》，提出和论证实施生态保护措施的基本框架应从（　　）提出。

A. 保护　　　　　B. 补偿　　　　　C. 恢复　　　　　D. 建设

52. 根据《环境影响评价技术导则—总纲》，对于建设项目的环保措施验收，环评文件需给出（　　）。

A. 各项环境保护措施　　　　　　B. 环境保护措施投资估算一览表

C. 环境保护设施分阶段验收一览表　　D. 环境保护措施营运商

53. 根据《环境影响评价技术导则—总纲》，关于建设项目环境管理与监测的内容，说法正确的是（　　）。

A. 对于非正常排放时可能出现的环境风险问题，应提出预防与应急处理预案

B. 对于施工周期长、影响范围广的建设项目应提出施工期环境监理的具体要求

C. 应按建设和运营的不同阶段，有针对性地提出具有可操作性的环境管理措施和监测计划

D. 应有针对性地提出不同阶段的竣工环境保护验收目标

54. 根据《环境影响评价技术导则—总纲》，国家未发布行业清洁生产规范性文件和相关技术指南的建设项目，结合行业及工程特点，从（　　）等方面确定清洁生产指标和开展评价。

A. 资源能源利用　　　　　　　　B. 生产工艺与设备、生产过程

C. 污染物产生、废物处理与综合利用　　D. 员工、环境管理要求

55. 根据《环境影响评价技术导则—总纲》，循环经济分析的内容应从（　　）

层次进行。

  A．企业   B．国家   C．区域   D．行业

  56．根据《环境影响评价技术导则—总纲》，在建设项目正常运行时，污染物总量控制的前提是（　　）。

  A．满足节能减排   B．满足污染物达标排放

  C．满足环境质量要求   D．满足清洁生产

  57．根据《环境影响评价技术导则—总纲》，对建设项目污染物排放总量控制指标的建议，需考虑（　　）。

  A．建设项目的特点

  B．国家实施主要污染物排放总量控制的有关要求

  C．地方环境保护行政主管部门对污染物排放总量控制的具体指标

  D．环境功能区划

  58．根据《环境影响评价技术导则—总纲》，方案比选的重点是从（　　）等方面比选。

  A．选址或选线   B．环境承载能力

  C．工艺、规模   D．环境制约因素

  E．环境影响

  59．根据《环境影响评价技术导则—总纲》，关于不同比选方案及推荐方案评价的要求，说法正确的是（　　）。

  A．对于不同比选方案，应根据建设项目进展阶段进行不同深度的评价

  B．对于不同比选方案，必要时应根据建设项目进展阶段进行同等深度的评价

  C．给出推荐方案，并结合比选结果提出优化调整建议

  D．给出推荐方案，无需再提出优化调整建议

  60．根据《环境影响评价技术导则—总纲》，关于环境影响评价文件编制的总体要求，说法错误的是（　　）。

  A．所参考的主要文献应注意时效性，无需列出目录

  B．跨行业建设项目的环境影响评价，其环境影响报告书中各专项评价尽可繁琐

  C．资料表述应清楚，利于阅读和审查，相关数据、应用模式须编入附录

  D．环境保护措施应可行、有效，评价结论应明确

参考答案

一、单项选择题

1．C　【解析】选项A是旧总纲的内容；选项D中的"报告书编制"说法不全面。

2．C　3．D　4．B　5．A　6．D　7．B　8．C　9．B　10．C　11．D　12．A

13．D　14．A　15．B　16．A　17．C　18．D　19．B　20．D　21．B　22．A　23．D

二、不定项选择题

1．ABCD　2．ABD　3．ABCD　4．ABCD　5．ABD　6．AD

7．ABDE　【解析】环境合理性分析并不是与相关规划所有内容的分析，仅是与相关规划环境保护要求进行分析。

8．ABD　【解析】污染影响与生态影响包括有利与不利影响、长期与短期影响、可逆与不可逆影响、直接与间接影响、累积与非累积影响等。

9．ABC　10．ABCD

11．AC　【解析】一级评价对环境影响进行全面、详细、深入评价，二级评价对环境影响进行较为详细、深入评价，三级评价可只进行环境影响分析；建设项目其他专题评价可根据评价工作需要划分评价等级。大气环境评价、地表水环境评价、地下水环境评价等为环境素评价，而环境风险评价、公众参与环境影响评价等为专题的环境影响评价。

12．ABCD　13．ACD　14．ABCD　15．ABD

16．BC　【解析】国家污染物排放标准中没有限定的污染物，可采用国际通用标准。

17．BCD　18．ABCDE　19．ACDE

20．BC　【解析】引用现有资料进行环境影响评价时，应分析其时效性；类比分析数据、资料应分析其相同性或者相似性。

21．ABCDE　【解析】工程分析的内容有九大点，经常做环评的考生，一般对此项内容较熟悉，不需死记硬背。

22．ABCDE　【解析】在实务中，并不是每个项目上述平衡都需做，据项目情况可以有选择地做。

23．ABCD　24．ABC

25．ABCD　【解析】除本题中的四点外，污染影响因素分析还应给出噪声、振动、热、光、放射性及电磁辐射等污染的来源、特性及强度等。

26．BCDE   27．ABD   28．ABCD   29．BCD   30．BCD

31．AD   【解析】选项B的正确说法是：充分搜集和利用现有的有效资料，当现有资料不能满足要求时，需进行现场调查和测试，并分析现状监测数据的可靠性和代表性。选项C的正确说法是：与建设项目有密切关系的环境状况应全面、详细调查，给出定量的数据并做出分析或评价。

32．ABCD   33．CDE   34．ABC   35．ABCD   36．ABCD   37．AB   38．BCD
39．ABCD

40．ACDE   【解析】注意比较环境影响因素识别方法、工程分析的方法、环境现状调查的方法。用列表法进行比较会好记点，列表如下：

序号	内容	方法
1	环境影响因素识别方法	（1）网络法 （2）矩阵法 （3）地理信息系统（GIS）支持下的叠加图法
2	工程分析的方法	（1）类比分析法 （2）物料平衡计算法 （3）实测法 （4）实验法 （5）查阅参考资料分析法
3	环境现状调查的方法	（1）收集资料法 （2）现场调查法 （3）遥感和地理信息系统分析方法
4	环境影响预测的方法	（1）数学模式法 （2）物理模型法 （3）类比调查法 （4）专业判断法

对于上表，首先对上述几种方法的内容应从宏观上理解，不要死记硬背，否则会出现混乱，其次，应理解每个方法的具体应用及其不同之处，另外，从命题者的角度来看，会故意把这个方法放在一起，让考生去判断，因此，考生需认真比对。

41．BCD

42．ABC   【解析】建设项目服务期满应进行环境影响评价，并未要求进行预测。对建设阶段是否需要进行预测，只有当建设阶段的噪声、振动、地表水、地下水、大气、土壤等的影响程度较重、影响时间较长时，应进行建设阶段的环境影响预测。

43．BCD   【解析】涉及有毒有害、易燃、易爆物质生产、使用、贮存，存在重大危险源，存在潜在事故并可能对环境造成危害，包括健康、社会及生态风险（如外来生物入侵的生态风险）的建设项目，需进行环境风险评价。

44．ABD　45．ABDE　46．AD

47．BD　　【解析】选项B的正确说法是：公众参与对象应包括可能受到建设项目直接影响和间接影响的有关企事业单位、社会团体、非政府组织、居民、专家和公众等。选项D的正确说法是：可根据实际需要和具体条件，采取包括问卷调查、座谈会、论证会、听证会及其他形式在内的一种或者多种形式，征求有关团体、专家和公众的意见。

48．ABD　　【解析】涉及国家机密的项目据《环境影响评价公众参与暂行办法》无需进行公众参与。

49．ABD　50．ABCD　　51．ABCD　　52．ABC

53．BCD　　【解析】选项A的正确说法是：对于非正常排放和事故排放，特别是事故排放时可能出现的环境风险问题，应提出预防与应急处理预案。

54．ABC　55．ACD

56．BCD　　【解析】节能减排是原则。

57．BC　58．ABCDE　59．BC　60．AB

第三章　大气环境影响评价技术导则与相关标准

第一节　环境影响评价技术导则—大气环境

一、单项选择题（每题的备选项中，只有一个最符合题意）

1. 大气环境评价工作分级的方法是根据（　　）计算确定。

　A. 推荐模式中的 ADMS 模式　　　　　B. 推荐模式中的估算模式

　C. 等标排放量的公式　　　　　　　　D. 推荐模式中的 AERMOD 模式

2. 最大地面浓度占标率的计算公式 $P_i = \dfrac{c_i}{c_{0i}} \times 100\%$，其中 c_{0i} 在一般情况下选用 GB 3095 中第 i 类污染物的（　　）。

　A. 年平均取样时间的二级标准浓度限值

　B. 日平均取样时间的二级标准浓度限值

　C. 1 h 平均取样时间的二级标准浓度限值

　D. 1 h 平均取样时间的一级标准浓度限值

3. 最大地面浓度占标率的计算公式 $P_i = \dfrac{c_i}{c_{0i}} \times 100\%$，其中的 c_i 是指第 i 个污染物（　　）。

　A. 单位时间排放量（g/s）

　B. 达标排放后的排放浓度（mg/m³）

　C. 估算模式计算出的最大地面浓度（mg/m³）

　D. 环境空气质量标准（mg/m³）

4. 最大地面浓度占标率的计算公式中，如果 GB 3095 中没有小时浓度限值的污染物，则 c_{0i} 可取（　　）。

　A. 年平均浓度限值　　　　　　　　　B. 日平均浓度限值

　C. 日平均浓度限值的二倍值　　　　　D. 日平均浓度限值的三倍值

5. 大气环境一级评价工作分级判据的条件是（　　）。

A. $P_{max} \geqslant 80\%$ 或 $D_{10\%} \geqslant 5$ km　　　　B. $P_{max} \geqslant 80\%$，且 $D_{10\%} \geqslant 5$ km

C. $P_{max} \geqslant 60\%$ 或 $D_{10\%} \geqslant 3$ km　　　　D. $P_{max} \geqslant 60\%$ 且 $D_{10\%} \geqslant 3$ km

6. 大气环境三级评价工作分级判据的条件是（　　）。

A. $P_{max} < 10\%$ 且 $D_{10\%} <$ 污染源距厂界最近距离

B. $P_{max} < 10\%$ 或 $D_{10\%} \leqslant$ 污染源距厂界最近距离

C. $P_{max} < 10\%$ 或 $D_{10\%} <$ 污染源距厂界最近距离

D. $P_{max} \leqslant 10\%$ 或 $D_{10\%} <$ 污染源距厂界最近距离

7. 某建设项目排放两种大气污染物，经计算甲污染物的最大地面浓度占标率 P_i 为 50%，$D_{10\%}$ 为 6 km，乙污染物的最大地面浓度占标率 P_i 为 70%，$D_{10\%}$ 为 5.5 km，则该项目的大气环境评价等级为（　　）。

A. 一级　　　　B. 二级　　　　C. 三级　　　　D. 一级或二级

8. 某建设项目排放两种大气污染物，经计算甲污染物的最大地面浓度占标率 P_i 为 50%，$D_{10\%}$ 为 5 km，乙污染物的最大地面浓度占标率 P_i 为 82%，$D_{10\%}$ 为 4 km，则该项目的大气环境评价等级为（　　）。

A. 一级　　　　B. 二级　　　　C. 三级　　　　D. 一级或二级

9. 某建设项目排放两种大气污染物，经计算 A 污染物的最大地面浓度占标率 P_i 为 8%，$D_{10\%}$ 为 3 km，B 污染物的最大地面浓度占标率 P_i 为 9%，$D_{10\%}$ 为 2 km，则该项目的大气环境评价等级为（　　）。

A. 一级　　　　B. 二级　　　　C. 三级　　　　D. 一级或二级

10. 某建设项目排放两种大气污染物，经计算 A 污染物的最大地面浓度占标率 P_i 为 15%，$D_{10\%}$ 为 1.2 km，B 污染物的最大地面浓度占标率 P_i 为 10%，$D_{10\%}$ 为 1.1 km，污染源距厂界最近距离为 1.3 km，则该项目的大气环境评价等级为（　　）。

A. 一级　　　　B. 二级　　　　C. 三级　　　　D. 一级或二级

11. 某建设项目排放两种大气污染物，经计算 A 污染物的最大地面浓度占标率 P_i 为 15%，$D_{10\%}$ 为 1.2 km，B 污染物的最大地面浓度占标率 P_i 为 10%，$D_{10\%}$ 为 1.1 km，污染源距厂界最近距离为 1.2 km，则该项目的大气环境评价等级为（　　）。

A. 一级　　　　B. 二级　　　　C. 三级　　　　D. 一级或二级

12. 对于建成后全厂的主要污染物排放总量都有明显减少的改、扩建项目，评价等级（　　）。

A. 可低于一级　　　　　　　　B. 为三级

C. 不低于二级　　　　　　　　D. 不高于二级

13. 对于以城市快速路、主干路等城市道路为主的新建、扩建项目，应考虑交通线源对道路两侧的环境保护目标的影响，评价等级应（　　）。

A. 不高于二级　　　　　　　　B. 为一级

　　C. 不低于二级　　　　　　　　　　D. 不能确定

14. 项目的大气环境影响评价范围是根据（　　）确定。

　　A. 项目周围敏感目标　　　　　　　B. 项目排放污染物的最大影响程度

　　C. 项目排放污染物的最远影响范围　D. 最大地面浓度占标率

15. 大气环境所有评价等级评价范围的直径或边长一般不应（　　）。

　　A. 小于 2 km　　　　　　　　　　B. 小于 5 km

　　C. 小于 6 km　　　　　　　　　　D. 小于 8 km

16. 对于以线源为主的城市道路等项目，大气环境评价范围可设定为线源中心两侧各（　　）的范围。

　　A. 100 m　　　　　　B. 300 m　　　　　　C. 200 m　　　　　　D. 400 m

17. 某建设项目经计算确定 $D_{10\%}$ 为 6 km，则该项目的大气环境评价范围为以排放源为中心点，（　　）。

　　A. 以 6 km 为直径的圆

　　B. 以主导风向为主轴的 12 km 为边长的矩形

　　C. 以 12 km 为边长的矩形

　　D. 应根据评价等级来确定

18. 某建设项目经计算确定 $D_{10\%}$ 为 26 km，则该项目的大气环境评价范围为以排放源为中心点，以（　　）。

　　A. 26 km 为半径的圆　　　　　　　B. 25 km 为半径的圆

　　C. 周长 50 km 矩形区域　　　　　　D. 边长 52 km 矩形区域

19. 某建设项目经计算确定 $D_{10\%}$ 为 2 km，则该项目的大气环境评价范围为以排放源为中心点，以（　　）。

　　A. 2 km 为半径的圆　　　　　　　 B. 周长 4 km 矩形区域

　　C. 2.5 km 为半径的圆　　　　　　　D. 边长 4 km 矩形区域

20. 大气环境评价范围的（　　）。

　　A. 直径或边长一般不应小于 4 km　　B. 直径或周长一般不应小于 5 km

　　C. 半径或边长一般不应小于 5 km　　D. 直径或边长一般不应小于 5 km

21. 对于三级评价项目，大气污染源调查与分析对象应包括（　　）。

　　A. 项目的所有污染源

　　B. 评价区的工业污染源

　　C. 评价范围内与项目排放污染物有关的其他在建项目

　　D. 已批复环境影响评价文件的未建项目污染源

22. 大气环境污染源排污概况调查时，对于周期性排放的污染源，应给出周期性排放系数。周期性排放系数取值为（　　）。

　　A．0～1　　　　　B．1～2　　　　　C．0～100　　　　D．1～10

23．对大气环境一级评价项目，其监测制度应进行（　　　）。

　　A．一期　　　　　B．二期　　　　　C．三期　　　　　D．四期

24．对大气环境二级评价项目，其监测制度可取（　　　）。

　　A．一期不利季节，必要时应作二期　　　B．二期

　　C．三期　　　　　　　　　　　　　　　D．一期有利季节，必要时也应作二期

25．对大气环境三级评价项目，其监测制度是（　　　）。

　　A．作一期监测　　　　　　　　　　　　B．可不作监测，必要时可作一期监测

　　C．作一期不利季节　　　　　　　　　　D．作一期有利季节

26．对大气环境一级评价项目，其监测制度应进行二期，二期是指（　　　）。

　　A．冬季、春季　　　　　　　　　　　　B．秋季、冬季

　　C．冬季、夏季　　　　　　　　　　　　D．据实际情况确定

27．每期监测时间，大气环境一级评价项目至少应取得有季节代表的（　　　）有效数据。

　　A．3天　　　　　　B．5天　　　　　　C．6天　　　　　D．7天

28．每期监测时间，大气环境二级评价项目至少应取得有季节代表的（　　　）有效数据。

　　A．4天　　　　　　B．5天　　　　　　C．6天　　　　　D．7天

29．在不具备自动连续监测条件时，一级评价项目每天监测时段，1小时浓度监测值应至少获取（　　　）小时浓度值。

　　A．4个　　　　　　B．5个　　　　　　C．8个　　　　　D．10个

30．在不具备自动连续监测条件时，二级和三级评价项目每天监测时段，1小时浓度监测值应至少获取（　　　）小时浓度值。

　　A．4个　　　　　　B．5个　　　　　　C．8个　　　　　D．10个

31．在不具备自动连续监测条件时，一级评价项目每天监测时段，1小时浓度监测值应至少获取当地时间（　　　）时浓度值。

　　A．02，04，07，12，14，16，18，20

　　B．02，05，08，11，14，17，20，23

　　C．01，04，07，09，12，14，16，20

　　D．02，06，08，12，14，18，20，24

32．在不具备自动连续监测条件时，二级和三级评价项目每天监测时段，1小时浓度监测值应至少获取当地时间（　　　）时浓度值。

　　A．02，12，17，20　　　　　　　　　　B．02，08，12，16

　　C．02，08，14，20　　　　　　　　　　D．02，12，18，24

33．对大气环境一级评价项目，监测点应包括评价范围内有代表性的环境空气保护目标，点位不少于（　　）。

　　A．9 个　　　　　　　B．10 个　　　　　　C．12 个　　　　　　D．15 个

34．对大气环境二级评价项目，监测点应包括评价范围内有代表性的环境空气保护目标，点位不少于（　　）。

　　A．4 个　　　　　　　B．8 个　　　　　　　C．10 个　　　　　　D．6 个

35．对大气环境三级评价项目，若评价范围内已有例行监测点位，或评价范围内有近 3 年的监测资料，且其监测数据有效性符合大气导则有关规定，并能满足项目评价要求的，可（　　）。

　　A．不再安排现状监测　　　　　　　　B．再布置 1 个点进行监测

　　C．再布置 2～4 个点进行监测　　　　D．再布置 3 个点进行监测

36．大气环境现状监测布点原则是在评价区内按（　　）布点。

　　A．同心圆法　　　　　　　　　　　　B．放射状为主兼顾均布性

　　C．环境功能区法　　　　　　　　　　D．极坐标布点法

37．对于各级评价项目，均应调查评价范围（　　）以上的主要气候统计资料。

　　A．5 年　　　　　　　B．10 年　　　　　　C．20 年　　　　　　D．30 年

38．气象观测资料调查时，对于一、二级评价项目，还应调查（　　）的常规气象观测资料及其他气象观测资料。

　　A．逐日　　　　　　　　　　　　　　B．逐次

　　C．逐月、逐年　　　　　　　　　　　D．逐日、逐次

39．对于一级评价项目，气象观测资料调查基本要求分两种情况，这两种情况是（　　）。

　　A．评价范围小于 50 km 和大于 50 km　　B．评价范围小于 30 km 和大于 30 km

　　C．评价范围小于 20 km 和大于 20 km　　D．评价范围小于 10 km 和大于 10 km

40．对于一级评价项目，地面气象观测资料调查要求是：距离项目最近的地面气象观测站，（　　）的常规地面气象观测资料。

　　A．近 3 年内的至少连续一年　　　　　B．近 3 年内的至少连续二年

　　C．近 5 年内的至少连续二年　　　　　D．近 5 年内的至少连续三年

41．对于二级评价项目，地面气象观测资料调查要求是：距离项目最近的地面气象观测站，（　　）的常规地面气象观测资料。

　　A．近 3 年内的至少连续一年　　　　　B．近 3 年内的至少连续二年

　　C．近 5 年内的至少连续二年　　　　　D．近 5 年内的至少连续三年

42．对于二级评价项目，常规高空气象探测资料调查要求是：调查距离项目最近的常规高空气象探测站，（　　）的常规高空气象探测资料。

A．近 3 年内的至少连续二年　　　　B．近 3 年内的至少连续一年

C．近 5 年内的至少连续二年　　　　D．近 5 年内的至少连续三年

43．对于二级评价项目，如果高空气象探测站与项目的距离超过 50 km，高空气象资料可采用中尺度气象模式模拟的（　　　）内的格点气象资料。

A．30 km　　　　B．50 km　　　　C．80 km　　　　D．100 km

44．大气环境影响预测的步骤一般有（　　　）。

A．5 个　　　　B．6 个　　　　C．8 个　　　　D．10 个

45．大气环境预测因子应根据评价因子而定，选取有（　　　）的评价因子作为预测因子。

A．国家环境空气质量标准　　　　B．国家环境空气排放标准

C．环境空气质量标准　　　　　　D．地方环境空气质量标准

46．大气环境预测时，计算污染源对评价范围的影响时，一般取（　　　），项目位于预测范围的中心区域。

A．主导风向为 X 坐标轴，主导风向的垂直方向为 Y 坐标轴

B．东西向为 X 坐标轴、南北向为 Y 坐标轴

C．南北向为 X 坐标轴、东西向为 Y 坐标轴

D．可以任意设置 X、Y 坐标轴

47．大气环境一级评价项目预测内容中，对于施工期超过（　　　）的项目，并且施工期排放的污染物影响较大，应预测施工期间的大气环境质量。

A．半年　　　　B．一年　　　　C．二年　　　　D．三年

48．大气环境一级评价项目预测内容中，非正常排放情况，需预测全年（　　　）小时气象条件下，环境空气保护目标的最大地面小时浓度和评价范围内的最大地面小时浓度。

A．逐时或逐次　　　　　　B．逐日或逐次

C．逐日或逐时　　　　　　D．长期气象条件下

49．下列污染类别，需预测所有因子的是（　　　）。

A．新增污染源的正常排放　　　B．新增污染源的非正常排放

C．削减污染源　　　　　　　　D．被取代污染源

50．只需预测小时浓度的污染源类别有（　　　）。

A．新增污染源的正常排放　　　B．新增污染源的非正常排放

C．削减污染源　　　　　　　　D．被取代污染源

E．拟建项目相关污染源

51．对环境空气敏感区的环境影响分析，应考虑其预测值和同点位处的现状背景值的（　　　）的叠加影响。

　　A．最小值　　　　　B．平均值　　　　　C．最大值　　　　D．加权平均值

52．对最大地面浓度点的环境影响分析可考虑预测值和所有现状背景值的（　　　）的叠加影响。

　　A．最小值　　　　　B．平均值　　　　　C．最大值　　　　D．加权平均值

53．大气环境影响预测分析与评价时，需叠加现状背景值，分析项目建成后最终的区域环境质量状况，下列公式正确的是（　　　）。

　　A．新增污染源预测值＋现状监测值－削减污染源计算值（如果有）＋被取代
　　　　污染源计算值（如果有）＝项目建成后最终的环境影响

　　B．新增污染源预测值＋现状监测值＋削减污染源计算值（如果有）－被取代
　　　　污染源计算值（如果有）＝项目建成后最终的环境影响

　　C．新增污染源预测值＋现状监测值＝项目建成后最终的环境影响

　　D．新增污染源预测值＋现状监测值－削减污染源计算值（如果有）－被取代
　　　　污染源计算值（如果有）＝项目建成后最终的环境影响

54．在分析典型小时气象条件下，项目对环境空气敏感区和评价范围的最大环境影响时，应绘制（　　　）。

　　A．评价范围内出现区域小时平均浓度平均值时所对应的浓度等值线分布图

　　B．评价范围内出现区域日平均浓度最大值时所对应的浓度等值线分布图

　　C．预测范围内的浓度等值线分布图

　　D．评价范围内出现区域小时平均浓度最大值时所对应的浓度等值线分布图

55．AERMOD 适用于评价范围（　　　）的一级、二级评价项目。

　　A．小于等于 50 km　　　　　　　　B．大于等于 50 km

　　C．小于等于 30 km　　　　　　　　D．大于等于 30 km

56．ADMS-EIA 版适用于评价范围（　　　）的一级、二级评价项目。

　　A．小于等于 50 km　　　　　　　　B．大于等于 50 km

　　C．小于等于 30 km　　　　　　　　D．大于等于 30 km

57．评价范围大于等于 50 km 的一级评价项目，可选择（　　　）进行预测。

　　A．估算模式　　　　　　　　　　　B．AERMOD 模式

　　C．ADMS 模式　　　　　　　　　　D．CALPUFF 模式

58．大气环境线源预测，可选择（　　　）进行预测。

　　A．估算模式　　　　　　　　　　　B．AERMOD 模式

　　C．ADMS 模式　　　　　　　　　　D．EIA 模式

59．可模拟三维流场随时间和空间发生变化时污染物的输送、转化和清除过程的预测模式是（　　　）。

　　A．估算模式　　　　　　　　　　　B．AERMOD 模式

C．ADMS 模式 　　　　　　　　　　　D．CALPUFF 模式

60．基于估算模式计算大气环境防护距离时，计算出的距离是以（ 　　 ）为起点的控制距离。

A．厂界 　　　　　　　　　　　　　B．污染源中心点

C．污染源边界 　　　　　　　　　　D．厂区中心点

61．项目大气环境防护区域是指以（ 　　 ）为起点的控制范围。

A．厂界 　　　　　　　　　　　　　B．污染源中心点

C．污染源边界 　　　　　　　　　　D．厂区中心点

62．基于估算模式计算大气环境防护距离时，计算污染源强的排放浓度是取（ 　　 ）。

A．实际排放浓度 　　　　　　　　　B．场界排放浓度

C．未经处理的排放浓度 　　　　　　D．削减达标后的排放浓度

63．基于估算模式计算某企业的大气环境防护距离时，甲污染物计算的距离为 205 m，乙污染物计算的距离为 300 m，丙污染物计算的距离为 350 m，则该企业的大气环境防护距离应取（ 　　 ）。

A．400 m 　　　　B．500 m 　　　　C．350 m 　　　　D．325 m

二、不定项选择题（每题的备选项中至少有一个符合题意）

1．大气环境评价工作等级的确定是根据（ 　　 ）确定。

A．最大地面浓度占标率 P_i 　　　　B．等标排放量

C．最远距离 $D_{10\%}$ 　　　　　　　D．环境空气敏感区的分布

2．最大地面浓度占标率的计算公式 $P_i = \dfrac{c_i}{c_{0i}} \times 10^9$，关于 c_{0i} 的选用，说法正确的有（ 　　 ）。

A．一般选用 GB 3095 中 1 小时平均取样时间的二级标准的浓度限值

B．对 GB 3095 中未包含的污染物，可参照 TJ 36 中的居住区大气中有害物质的最高容许浓度的日均浓度限值

C．如国内无相应的标准，可参照国外有关标准选用，但应作出说明，不用报环保主管部门批准可执行

D．如已有地方标准，应选用地方标准中的相应值

3．下列建设项目的大气环境评价等级不低于二级的是（ 　　 ）。

A．高耗能行业的多源（两个以上，不含两个）项目

B．评价范围内包含一类环境空气质量功能区

C．评价范围内主要评价因子的环境质量已接近或超过环境质量标准

D. 项目排放的污染物对人体健康或生态环境有严重危害的特殊项目

E. 以城市快速路为主的扩建项目

4. 下列关于大气环境评价等级确定的说法，正确的有（   ）。

A. 确定评价工作等级的同时应说明估算模式计算参数和选项

B. 一级、二级、三级评价都应选择大气导则推荐模式清单中的进一步预测模式进行大气环境影响预测

C. 同一项目有多个（两个以上，含两个）污染源排放同一种污染物时，则按各污染源分别确定其评价等级，并取评价级别最高者作为项目的评价等级

D. 对于公路、铁路等项目，应按项目沿线主要集中式排放源（如服务区、车站等大气污染源）排放的污染物总量计算其评价等级

5. 对于新建项目一、二级评价项目，大气污染源调查与分析对象应包括（   ）。

A. 拟建项目的所有污染源

B. 拟建项目新污染源

C. 评价范围内与项目排放污染物有关的其他在建项目

D. 已批复环境影响评价文件的未建项目污染源

6. 对于改扩建项目一、二级评价项目，大气污染源调查与分析对象应包括（   ）。

A. 新污染源

B. 老污染源

C. 评价范围内与项目排放污染物有关的其他在建项目

D. 已批复环境影响评价文件的未建项目污染源

7. 大气环境污染源排污概况调查的内容包括（   ）。

A. 在70%以上工况下，按分厂或车间逐一统计各有组织排放源和无组织排放源的主要污染物排放量

B. 在满负荷排放下，按分厂或车间逐一统计各有组织排放源和无组织排放源的主要污染物排放量

C. 对改扩建项目的主要污染物排放量应给出"三本账"

D. 对于毒性较大的污染物应估计其非正常排放量

E. 对于周期性排放的污染源，应给出周期性排放系数

8. 大气环境三级评价项目污染源调查，下列可以不调查的内容是（   ）。

A. 体源调查

B. 建筑物下洗参数

C. 污染源排污概况

D. 点源调查

E. 面源调查

9. 大气环境点源调查的内容包括（   ）。

A. 各主要污染物正常排放量（g/s），排放工况，年排放小时数（h）

B. 排气筒底部中心坐标，以及排气筒底部的海拔高度（m）

C. 排气筒有效高度（m）及排气筒出口内径（m）

D. 烟气出口速度（m/s）、排气筒出口处烟气温度（K）

E. 毒性较大物质的非正常排放量（g/s），排放工况，年排放小时数（h）

10. 下列内容属于大气环境面源调查内容的是（　　　　）。

  A. 各主要污染物正常排放量 $[(g/（s \cdot m^2）]$，排放工况，年排放小时数（h）

  B. 排气筒高度和出口内径（m）

  C. 面源初始排放高度（m）

  D. 面源起始点坐标，以及面源所在位置的海拔高度（m）

  E. 面源分类

11. 下列内容属于大气环境体源调查内容的是（　　　　）。

  A. 体源高度（m）

  B. 体源中心点坐标，以及体源所在位置的海拔高度（m）

  C. 体源排放速率（g/s），排放工况，年排放小时数（h）

  D. 体源的边长（m）、宽度（m）

  E. 初始横向扩散参数（m），初始垂直扩散参数（m）

12. 大气环境污染源调查时，对于颗粒物的粒径分布内容的调查应包括（　　　　）。

  A. 颗粒物粒径分级（最多不超过20级）

  B. 颗粒物的分级粒径（μm）

  C. 各级颗粒物的质量密度（g/cm^3）

  D. 各级颗粒物所占的质量比

13. 大气环境线源调查的内容包括（　　　　）。

  A. 平均车速（km/h），各时段车流量（辆/h）、车型比例

  B. 各种车型的污染物排放速率 $[(g/（km \cdot s）]$

  C. 街道街谷高度（m）

  D. 线源几何尺寸（分段坐标），线源距地面高度（m），道路宽度（m）

  E. 各种车型排气口高度

14. 下列污染物应筛选为环境空气质量现状监测因子的是（　　　　）。

  A. 凡项目排放的污染物属于常规污染物的

  B. 凡项目排放的特征污染物有国家或地方环境质量标准的

  C. 凡项目排放的特征污染物有 TJ 36 中的居住区大气中有害物质的最高允许浓度的

  D. 对于没有相应环境质量标准的污染物，且属于毒性较大的，可以不选用

E. 对于没有相应环境质量标准的污染物，且属于毒性较大的，应按照实际情况选用

15. 下列关于大气环境监测制度的叙述，错误的有（　　）。

A. 对于评价范围内没有排放同种特征污染物的项目，可减少监测天数

B. 监测时应使用空气自动监测设备

C. 对于部分无法进行连续监测的特殊污染物，可监测其一次浓度值

D. 每期监测时间，至少应取得有季节代表性的 5 天有效数据

E. 在不具备自动连续监测条件时，二级评价项目每天监测时段，1 小时浓度监测值应至少获取 8 个小时浓度值

16. 下列关于环境空气质量现状监测布点原则的叙述，正确的有（　　）。

A. 一级、二级评价项目，监测点应包括评价范围内有代表性的环境空气保护目标

B. 对于地形复杂、污染程度空间分布差异较大、环境空气保护目标较多的区域，可酌情增加监测点数目

C. 若评价范围内没有其他污染源排放同种特征污染物的，可适当减少监测点位

D. 城市道路项目二级评价项目，监测点位可以不按照不少于 6 个点设置

E. 三级评价项目，若评价范围内有近 2 年的监测资料，可不再进行现状监测，否则，应设置 2～4 个监测点

17. 下列关于环境空气质量现状监测结果统计分析内容，说法正确的有（　　）。

A. 分析重污染时间分布情况及其影响因素

B. 分析大气污染物浓度的日变化规律

C. 分析大气污染物浓度与地面风向、风速等气象因素及污染源排放的关系

D. 给出各监测点大气污染物的不同取值时间的浓度变化范围

E. 给出各取值时间最大浓度值占相应标准浓度限值的百分比和超标率

18. 常规气象观测资料包括（　　）。

A. 常规地面气象观测资料　　　　　B. 典型日地面气象观测资料

C. 常规高空气象探测资料　　　　　D. 典型日高空气象探测资料

19. 下列因素与气象观测资料的调查要求有关的是（　　）。

A. 项目的评价等级　　　　　　　　B. 评价范围内地形复杂程度

C. 项目的行业　　　　　　　　　　D. 污染物排放是否连续稳定

E. 水平流场是否均匀一致

20. 下列内容属于地面气象观测资料中的常规调查项目的是（　　）。

A. 风向　　　　　　　B. 时间　　　　　　　C. 露点温度

D．风速　　　　　　　　E．干球温度

21．下列内容属于地面气象观测资料中的常规调查项目的是（　　）。

　A．低云量　　　　　　B．总云量　　　　　　C．风向

　D．风速　　　　　　　E．气压

22．下列内容属于地面气象观测资料中的可选择调查的观测资料内容的是
（　　）。

　A．相对湿度　　　　　B．总云量　　　　　　C．水平能见度

　D．时间　　　　　　　E．降水量

23．下列内容属于常规高空气象探测资料中的常规调查项目的是（　　）。

　A．探空数据层数　　　B．每层的高度　　　　C．每层的气压

　D．时间　　　　　　　E．每层的气温

24．下列内容属于常规高空气象探测资料中的常规调查项目的是（　　）。

　A．每层的降水量　　　B．每层的风速、风向　C．云底高度

　D．每层的气压　　　　E．中云量

25．下列内容属于常规气象资料分析内容的是（　　）。

　A．温度　　　　　　　B．云量　　　　　　　C．风向

　D．风频　　　　　　　E．风速

26．下列内容属于常规气象资料风频分析内容的是（　　）。

　A．温廓线　　　B．主导风向　　　C．风廓线　　　　D．风向玫瑰图

　E．统计所收集的长期地面气象资料中，每月、各季及长期平均各风向风频变
　　　化情况

27．下列步骤属于大气环境影响预测的步骤的是（　　）。

　A．确定预测因子　　　　　　　B．确定评价等级

　C．设定预测情景　　　　　　　D．确定气象条件

　E．确定地形数据

28．下列步骤属于大气环境影响预测的步骤的是（　　）。

　A．确定预测范围　　　　　　　B．确定污染源计算清单

　C．确定计算点　　　　　　　　D．选择预测模式

　E．确定模式中的相关参数

29．大气环境预测范围应覆盖评价范围，同时还应考虑（　　）等进行适当调
整。

　A．评价范围的主导风向　　　　B．污染源的排放高度

　C．地形和周围环境敏感区的位置　　D．污染源的排放量

30．下列属于点源参数调查清单的内容的是（　　）。

A．排气筒底部海拔高度   B．排气筒高度

C．排气筒内径   D．年排放小时数

E．烟气出口速度

31．下列属于点源参数调查清单的内容的是（   ）。

A．X 坐标、Y 坐标   B．烟气出口温度

C．排放工况   D．评价因子源强

E．毒性较大物质的属性

32．矩形面源、多边形面源、近圆形面源参数调查清单中共有的内容有（   ）。

A．评价因子源强   B．海拔高度

C．面源初始排放高度   D．年排放小时数

E．排放工况

33．在矩形面源、多边形面源、近圆形面源参数调查清单中，矩形面源所特有的内容有（   ）。

A．面源起始点坐标   B．顶点数或边数

C．面源长度   D．面源的宽度

E．与正北方向逆时针的夹角

34．在矩形面源、多边形面源、近圆形面源参数调查清单中，近圆形面源所特有的内容有（   ）。

A．近圆形半径   B．顶点数或边数

C．面源中心坐标   D．面源的宽度

E．与正北方向逆时针的夹角

35．在各类污染源调查清单中，体源所特有的内容有（   ）。

A．体源初始排放高度   B．体源边长

C．体源的宽度   D．体源高度

E．初始横向、垂直扩散参数

36．大气环境影响预测计算点可分（   ）。

A．区域地面下风向轴线浓度点   B．预测范围内的网格点

C．环境空气敏感区   D．区域最大地面浓度点

37．下列内容属于大气环境一级评价项目预测的内容是（   ）。

A．施工期超过一年的项目，且施工期排放的污染物影响较大，应预测施工期间的大气环境质量

B．非正常排放情况，全年逐日、逐时或逐次小时气象条件下，环境空气保护目标的最大地面小时浓度和评价范围内的最大地面小时浓度

C．长期气象条件下，环境空气保护目标、网格点处的地面浓度和评价范围内的

最大地面年平均浓度

D. 全年逐日气象条件下，环境空气保护目标、网格点处的地面浓度和评价范围内的最大地面日平均浓度

E. 全年逐时或逐次小时气象条件下，环境空气保护目标、网格点处的地面浓度和评价范围内的最大地面小时浓度

38. 下列内容属于大气环境二级评价项目预测的内容是（　　　）。

A. 施工期超过一年的项目，且施工期排放的污染物影响较大，应预测施工期间的大气环境质量

B. 非正常排放情况，全年逐时或逐次小时气象条件下，环境空气保护目标的最大地面小时浓度和评价范围内的最大地面小时浓度

C. 长期气象条件下，环境空气保护目标、网格点处的地面浓度和评价范围内的最大地面年平均浓度

D. 全年逐日气象条件下，环境空气保护目标、网格点处的地面浓度和评价范围内的最大地面日平均浓度

E. 全年逐时或逐次小时气象条件下，环境空气保护目标、网格点处的地面浓度和评价范围内的最大地面小时浓度

39. 下列内容属于大气环境三级评价项目预测的内容是（　　　）。

A. 非正常排放情况，全年逐时或逐次小时气象条件下，环境空气保护目标的最大地面小时浓度和评价范围内的最大地面小时浓度

B. 长期气象条件下，环境空气保护目标、网格点处的地面浓度和评价范围内的最大地面年平均浓度

C. 全年逐日气象条件下，环境空气保护目标、网格点处的地面浓度和评价范围内的最大地面日平均浓度

D. 全年逐时或逐次小时气象条件下，环境空气保护目标、网格点处的地面浓度和评价范围内的最大地面小时浓度

E. 以上都可以不预测

40. 下列内容属于大气环境一级评价项目预测的内容是（　　　）。

A. 评价区域季（期）、年长期平均浓度分布图

B. 不利气象条件下，评价区域内的浓度分布图及其出现的频率

C. 长期气象条件下，环境空气保护目标、网格点处的地面浓度和评价范围内的最大地面年平均浓度

D. 全年逐日气象条件下，环境空气保护目标、网格点处的地面浓度和评价范围内的最大地面日平均浓度

E. 一次（30 min）和 24 h 取样时间的最大地面浓度和位置

41. 需预测小时浓度的污染源类别有（　　）。

A. 新增污染源的正常排放　　　　B. 新增污染源的非正常排放

C. 削减污染源　　　　　　　　　D. 被取代污染源

E. 拟建项目相关污染源

42. 对于新增污染源正常排放，常规预测内容包括（　　）。

A. 小时浓度　　　　　　　　　　B. 日平均浓度

C. 季均浓度　　　　　　　　　　D. 年均浓度

43. 只需预测日平均浓度、年均浓度的污染源类别有（　　）。

A. 新增污染源的正常排放　　　　B. 新增污染源的非正常排放

C. 削减污染源　　　　　　　　　D. 被取代污染源

E. 其他在建、拟建项目相关污染源

44. 只需预测环境空气保护目标计算点的污染源类别有（　　）。

A. 新增污染源的正常排放　　　　B. 新增污染源的非正常排放

C. 削减污染源　　　　　　　　　D. 被取代污染源

E. 其他在建、拟建项目相关污染源

45. 对于新增污染源正常排放，需预测的计算点有（　　）。

A. 区域最远地面距离　　　　　　B. 网格点

C. 环境空气保护目标　　　　　　D. 区域最大地面浓度点

46. 对于新增污染源非正常排放，需预测的计算点有（　　）。

A. 区域最远地面距离　　　　　　B. 网格点

C. 环境空气保护目标　　　　　　D. 区域最大地面浓度点

47. 在分析典型小时气象条件下，项目对环境空气敏感区和评价范围的最大环境影响，应分析下列（　　）内容。

A. 是否超标　　　　　　　　　　B. 超标范围和程度

C. 小时浓度超标概率　　　　　　D. 小时浓度超标最大持续发生时间

E. 超标位置

48. 分析长期气象条件下，项目对环境空气敏感区和评价范围的环境影响，应分析下列（　　）内容。

A. 是否超标　　　　　　　　　　B. 超标范围和程度

C. 年均浓度超标概率　　　　　　D. 绘制预测范围内的浓度等值线分布图

E. 超标位置

49. 估算模式适用于（　　）。

A. 线源的最大地面浓度预测　　　B. 评价等级的确定

C. 评价范围的确定　　　　　　　D. 点源污染物日平均的浓度分布预测

50．AERMOD 模式包括（ ）预处理模式。

A．AERCAT 地形

B．AERMAP 地形

C．AERME 污染源

D．AERMET 气象

51．下列关于估算模式的说法，正确的有（ ）。

A．估算模式是一种多源预测模式

B．估算模式中嵌入了多种预设的气象组合条件

C．估算模式计算出的最大地面浓度小于进一步预测模式的计算结果

D．对于小于 1 小时的短期非正常排放，可采用估算模式进行预测

52．基于估算模式计算大气环境防护距离时，输入污染源强的单位是（ ）。

A．g/s   B．kg/h   C．t/a   D．mg/m^3 E．L/m^3

53．大气环境影响评价结论与建议的主要内容有（ ）。

A．污染物排放总量控制指标的落实情况

B．大气环境防护距离设置

C．大气污染控制措施

D．污染源的排放强度与排放方式

E．项目选址及总图布置的合理性和可行性

54．下列内容属于大气环境影响评价结论与建议的内容的是（ ）。

A．确定污染源分担率并评价大气污染防治措施的可行性

B．评价项目完成后污染物排放总量控制指标能否满足环境管理要求

C．若大气环境防护区域内存在长期居住的人群，应给出相应的搬迁建议或优化
调整项目布局的建议

D．根据预测结果，比较污染源的不同排放强度和排放方式对区域环境的影响，
并给出优化调整的建议

E．根据大气环境影响预测结果，给出项目选址及总图布置优化调整的建议及方
案

55．对于大气环境一级评价项目，需附上（ ）基本附图。

A．污染物浓度等值线分布图

B．复杂地形的地形示意图

C．常规气象资料分析图

D．基本气象分析图

E．污染源点位及环境空气敏感区分布图

56．对于大气环境三级评价项目，需附上（ ）基本附图。

A．污染物浓度等值线分布图

B．复杂地形的地形示意图

C．常规气象资料分析图

D．基本气象分析图

　　E. 污染源点位及环境空气敏感区分布图

57. 对于大气环境二级评价项目，需附上（　　）基本附图。

　　A. 污染物浓度等值线分布图　　　　B. 复杂地形的地形示意图

　　C. 常规气象资料分析图　　　　　　D. 基本气象分析图

　　E. 污染源点位及环境空气敏感区分布图

58. 对于大气环境二级评价项目，需附上（　　）基本附表。

　　A. 采用估算模式计算结果表　　　　B. 污染源调查清单

　　C. 环境质量现状监测分析结果表　　D. 常规气象资料分析表

　　E. 环境影响预测结果达标分析表

59. 对于大气环境三级评价项目，需附上（　　）基本附表。

　　A. 采用估算模式计算结果表　　　　B. 污染源调查清单

　　C. 常规气象资料分析表　　　　　　D. 环境质量现状监测分析结果表

　　E. 环境影响预测结果达标分析表

60. 对于大气环境一级、二级评价项目，需附上（　　）基本附件。

　　A. 环境质量现状监测原始数据文件　　B. 气象观测资料文件

　　C. 预测模型所有输入文件及输出文件　　D. 污染源调查清单

61. 在什么情况下需补充地面气象观测？（　　）

　　A. 地面气象观测站与项目的距离超过 30 km

　　B. 地面气象观测站与项目的距离超过 50 km

　　C. 地面站与评价范围的地理特征不一致

　　D. 地面站与评价范围的地理特征一致

62. 关于补充地面气象观测的说法，正确的是（　　）。

　　A. 补充地面气象观测数据不可作为当地长期气象条件参与大气环境影响预测

　　B. 一级评价的补充观测应进行为期一年的连续观测

　　C. 二级评价的补充地面气象观测可选择有代表性的季节进行连续观测，观测期限应在 2 个月以上

　　D. 一级评价的补充地面气象观测应进行为期二年的连续观测

参考答案

一、单项选择题

1. B　2. C　3. C　4. D　5. B　6. C

7．B　【解析】如污染物数 i 大于 1，取 P 值中最大者（P_{max}），和其对应的 $D_{10\%}$。本题的 P_{max} 取 70%，$D_{10\%}$ 为 5.5 km，按照导则应为二级。

8．B　【解析】如污染物数 i 大于 1，取 P 值中最大者（P_{max}），和其对应的 $D_{10\%}$。本题的 P_{max} 取 82%，$D_{10\%}$ 为 4 km，按照导则应为二级。虽然本题中的 P_{max} 大于 80%，但 $D_{10\%}$ 小于 5 km，不符合一级评价的条件。

9．C　【解析】如污染物数 i 大于 1，取 P 值中最大者（P_{max}），和其对应的 $D_{10\%}$。本题的 P_{max} 取 9%，$D_{10\%}$ 为 2 km，按照导则只要满足 $P_{max}<10\%$ 和 $D_{10\%}<$ 污染源距厂界最近距离的一个条件就可定为三级。

10．C　【解析】如污染物数 i 大于 1，取 P 值中最大者（P_{max}），和其对应的 $D_{10\%}$。本题的 P_{max} 取 15%，$D_{10\%}$ 为 1.2 km。按照导则只要满足 $P_{max}<10\%$ 和 $D_{10\%}<$ 污染源距厂界最近距离的一个条件就可定为三级。本题中虽然 $P_{max}>10\%$，但 $D_{10\%}<1.3$ km（污染源距厂界最近距离），因此本题为三级。

11．B　【解析】本题中的 $D_{10\%}$ 等于污染源距厂界最近距离，且 P_{max} 为 15%，不满足三级评价的条件。评价等级的划分依据请考生注意"＜""≥"符号。

12．A　13．C　14．C　15．B　16．C

17．C　【解析】大气环境评价范围为以排放源为中心点，以 $D_{10\%}$ 为半径的圆或 $2\times D_{10\%}$ 为边长的矩形。选项 A 应为 6 km 为半径的圆。

18．B　【解析】当最远距离超过 25 km 时，确定评价范围为半径 25 km 的圆形区域或边长 50 km 矩形区域。

19．C　【解析】评价范围的直径或边长一般不应小于 5 km。

20．D　21．A　22．A　23．B　24．A　25．B　26．C　27．D

28．D　【解析】新的大气导则规定，不管是几级评价，每期监测时间，至少应取得有季节代表性的 7 天有效数据，采样时间应符合监测资料的统计要求。对于评价范围内没有排放同种特征污染物的项目，可减少监测天数。

29．C　30．A　31．B　32．C　33．B　34．D　35．A　36．D　37．C　38．D　39．A　40．D　41．A　42．A　43．B　44．D　45．C　46．B　47．B　48．A

49．A　【解析】选项 BCD 只需预测主要因子。

50．B　【解析】大气导则中的"表 8　常规预测情景组合"需记住，形成影像，不管如何出题，就能回答正确。

51．C　52．B

53．D　【解析】若评价范围内还有其他在建项目、已批复环境影响评价文件的拟建项目，也应考虑其建成后对评价范围的共同影响。

54．D　55．A　56．A　57．D　58．C　59．D　60．B

61．A　【解析】采用推荐模式中的大气环境防护距离模式计算各无组织源的大气环境防护距离。计算出的距离是以污染源中心点为起点的控制距离，并结合厂区平面布置图，确定控制距离范围，超出厂界以外的，即为项目大气环境防护区域。

62. D　【解析】有场界排放浓度标准的，预测结果应首先满足场界排放标准。如预测结果在场界监控点处（以标准规定为准）出现超标，应要求削减排放源强。计算大气环境防护距离的污染物排放源强应采用削减后的源强。

63. C　【解析】如果有多个污染物，对每一个污染物要输入其排放率和标准，进行计算，得到每一个污染物的结果，大气环境防护距离取最大值。

二、不定项选择题

1. AC　2. AD

3. BCDE　【解析】高耗能行业的多源（两个以上，含两个）项目，评价等级应不低于二级。

4. AC　【解析】选项B的正确说法是：一、二级评价应选择本导则推荐模式清单中的进一步预测模式进行大气环境影响预测工作。三级评价可不进行大气环境影响预测工作，直接以估算模式的计算结果作为预测与分析依据。选项D的正确说法是：对于公路、铁路等项目，应分别按项目沿线主要集中式排放源（如服务区、车站等大气污染源）排放的污染物计算其评价等级。

5. ACD　6. ABCD　7. BCDE

8. ABDE　【解析】三级评价项目可只调查污染源排污概况，并对估算模式中的污染源参数进行核实。

9. ABDE　【解析】排气筒有效高度不在调查范围之内，排气筒几何高度是调查内容。

10. ACD

11. ABCE　【解析】体源的宽度（m）不在调查范围之内。

12. ABCD　13. ABCD　14. ABCE　15. DE

16. ABC　【解析】选项E的正确说法是：三级评价项目，若评价范围内已有例行监测点位或评价范围内有近3年的监测资料，且其监测数据有效性符合大气导则有关规定，并能满足项目评价要求的，可不再进行现状监测，否则，应设置2~4个监测点。

17. ABCDE　18. AC　19. ABDE　20. ABDE

21. ABCD　【解析】观测资料的常规调查项目有6项：时间（年、月、日、时）、风向（以角度或按16个方位表示）、风速、干球温度、低云量、总云量。

22. ACE　【解析】根据不同评价等级预测精度要求及预测因子特征，可选择调查的观测资料的内容：湿球温度、露点温度、相对湿度、降水量、降水类型、海平面气压、观测站地面气压、云底高度、水平能见度等。

23. ABCDE

24. BD　【解析】常规高空气象探测资料的调查项目有 7 项：时间（年、月、日、时），探空数据层数，每层的气压、高度、气温、风速、风向（以角度或按 16 个方位表示）。

25. ACDE

26. BDE　【解析】风廓线属"风速"分析的内容。

27. ACDE　28. ABCDE　29. ABC　30. ABCDE

31. ABCD　【解析】注意："点源参数调查清单的内容"与"污染源调查内容"的差异。对于点源来说，两者的内容基本相同，表达方式有所不同，如点源调查内容有"毒性较大物质的非正常排放量（g/s），排放工况，年排放小时数（h）"，而"点源参数调查清单的内容"中只有评价因子源强及其对应的排放工况、年排放小时数。

32. ABCDE　33. ACDE　34. AC　35. BDE　36. BCD　37. ACDE　38. BCDE
39. E　40. CD　41. AB　42. ABD　43. CDE　44. CDE　45. BCD　46. CD

47. ACDE　【解析】超标范围是长期气象条件下应分析的内容。典型小时气象条件和典型日气象条件下的分析的内容基本相同。

48. ABDE　【解析】"超标概率和最大持续发生时间"是典型小时、典型日气象条件下应分析的内容。

49. BC　50. BD

51. BD　【解析】估算模式是一种单源预测模式。估算模式计算出的最大地面浓度大于进一步预测模式的计算结果。

52. ABC　53. ABCDE　54. BCDE　55. ABCDE　56. DE　57. ACDE

58. ABCDE　【解析】一级评价和二级评价的基本附表是相同的。

59. ABD

60. ABC　【解析】选项 D 为附表。一级评价和二级评价的基本附件是相同的，三级评价只需附上"环境质量现状监测原始数据文件"。

61. BC　62. BC

第二节　相关大气环境标准

一、单项选择题（每题的备选项中，只有一个最符合题意）

1. 据《空气质量标准》（GB 3095—2012），SO_2 的二级标准的 1 小时平均浓度限值是（　　）$\mu g/m^3$。

　　A. 500　　　　　B. 300　　　　　C. 150　　　　　D. 200

　　2. 据《空气质量标准》（GB 3095—2012），NO_2 的二级标准的 1 小时平均浓度限值是（　　）$\mu g/m^3$。

　　A. 240　　　　　　　　　　B. 200

　　C. 80　　　　　　　　　　D. 120

　　3. 据《空气质量标准》（GB 3095—2012），PM_{10} 的二级标准的 24 小时平均浓度限值是（　　）$\mu g/m^3$。

　　A. 75　　　　　B. 35　　　　　C. 100　　　　　D. 150

　　4. 据《空气质量标准》（GB 3095—2012），$PM_{2.5}$ 的二级标准的 24 小时平均浓度限值是（　　）$\mu g/m^3$。

　　A. 75　　　　　B. 35　　　　　C. 100　　　　　D. 150

　　5. 在《空气质量标准》（GB 3095—2012）中，没有 24 小时平均浓度限值的污染物是（　　）。

　　A. O_3　　　　　B. NO_2　　　　　C. CO　　　　　D. $PM_{2.5}$

　　6. 根据《环境空气质量标准》（GB 3095—2012），二级标准的污染物浓度限值是（　　）。

　　A. SO_2 1 小时平均浓度限值为 150 $\mu g/m^3$

　　B. PM_{10} 24 小时平均浓度限值为 100 $\mu g/m^3$

　　C. $PM_{2.5}$ 24 小时平均浓度限值为 75 $\mu g/m^3$

　　D. NO_2 1 小时平均浓度限值为 240 $\mu g/m^3$

　　7.《空气质量标准》（GB 3095—2012）自（　　）起在全国实施。

　　A. 2013 年 1 月 1 日　　　　　　B. 2014 年 1 月 1 日

　　C. 2015 年 1 月 1 日　　　　　　D. 2016 年 1 月 1 日

　　8. 据《关于实施〈环境空气质量标准〉（GB 3095—2012）的通知（环发[2012]11号）》，下列（　　）2015 年执行该标准。

　　A. 所有地级以上城市　　　　　　B. 国家环保模范城市

　　C. 环境保护重点城市　　　　　　D. 所有县级以上城市

　　9. 据《空气质量标准》（GB 3095—2012），环境空气二氧化氮（NO_2）的手工监测分析方法有（　　）。

　　A. 盐酸萘乙二胺分光光度法　　　B. 化学发光法

　　C. 紫外荧光法　　　　　　　　　D. Saltzman 法

　　10. 据《空气质量标准》（GB 3095—2012），$PM_{2.5}$ 的手工监测分析方法是（　　）。

　　A. 化学发光法　　　　　　　　　B. 重量法

C. 火焰原子吸收分光光度法　　　　D. Saltzman 法

11. 据《空气质量标准》（GB 3095—2012），环境空气一氧化碳的手工监测分析方法是（　　）。

A. 甲醛吸收副玫瑰苯胺分光光度法　　B. 非分散红外法

C. 紫外荧光法　　　　　　　　　　D. 化学发光法

12. 据《空气质量标准》（GB 3095—2012），根据数据统计的有效性规定，为获得 1 小时平均值，每小时至少有（　　）分钟的采样时间。

A. 15　　　　　　B. 20　　　　　　C. 30　　　　　　D. 45

13. 据《空气质量标准》（GB 3095—2012），SO_2、NO_2 的年平均浓度数据统计的有效性是每年至少有（　　）个日平均浓度值，每月至少有 27 个日均值。

A. 360　　　　　B. 300　　　　　C. 324　　　　　D. 144

14. 据《空气质量标准》（GB 3095—2012），PM_{10}、$PM_{2.5}$ 的年平均浓度数据统计的有效性是每年至少有（　　）个日平均浓度值，每月至少有 27 个日均值。

A. 60　　　　　　B. 300　　　　　C. 324　　　　　D. 144

15. 据《空气质量标准》（GB 3095—2012），NO_2 的 24 小时平均浓度值数据统计的有效性是每天至少有（　　）的采样时间。

A. 12 h　　　　　B. 16 h　　　　　C. 18 h　　　　　D. 20 h

16. 据《空气质量标准》（GB 3095—2012）数据统计有效性的规定，PM_{10} 和 $PM_{2.5}$ 24 小时平均浓度值监测数据，每日至少的采样时间为（　　）h。

A. 20　　　　　　B. 18　　　　　　C. 15　　　　　　D. 12

17. 据《空气质量标准》（GB 3095—2012）数据统计有效性的规定，TSP 24 小时平均浓度值监测数据，每日应有（　　）h 的采样时间。

A. 18　　　　　　B. 20　　　　　　C. 24　　　　　　D. 6

18. 某新建项目大气环境影响评价等级为三级。根据《环境影响评价技术导则 大气环境》和《空气质量标准》（GB 3095—2012），PM_{10} 环境质量现状每期监测时间和每天监测时段符合要求的是（　　）。

A. 7 天有效数据，每天至少有 18 小时采样时间

B. 7 天有效数据，每天至少有 20 小时采样时间

C. 5 天有效数据，每天至少有 18 小时采样时间

D. 5 天有效数据，每天至少有 20 小时采样时间

19. $PM_{2.5}$ 是指悬浮在空气中，空气动力学当量直径（　　）的颗粒物。

A. ≤10 μm　　　B. ≤2.5 μm　　　C. <2.5 mm　　　D. ≤1 μm

20. 《大气污染物综合排放标准》设置了（　　）指标体系。

A. 2 项　　　　　B. 3 项　　　　　C. 4 项　　　　　D. 5 项

21. 以下工业点源颗粒物排放应执行《大气污染物综合排放标准》的是（　　）。

　　A. 火电厂备煤车间破碎机排气筒　　B. 火电厂发电锅炉烟囱

　　C. 陶瓷隧道窑烟囱　　　　　　　　D. 水泥厂石灰石矿山开采破碎机排气筒

22. 某厂有 2 根 SO_2 排气筒，高度均为 80 m，排放速率均为 50 kg/h，彼此间距 100 m，根据《大气污染物合排放标准》，等效排气筒的高度和排放速率分别为（　　）。

　　A. 80 m，100 kg/h　　　　　　　　B. 160 m，50 kg/h

　　C. 160 m，100 kg/h　　　　　　　 D. 80 m，50 kg/h

23. 2000 年建成的某包装印刷厂使用有机溶剂，其非甲烷总烃排气筒高 12 m。《大气污染物综合排放标准》规定的 15 m 排气筒对应的最高允许排放速率为 10 kg/h，则该排气筒非甲烷总烃排放速率应执行的标准是（　　）。

　　A. ≤8 kg/h　　　　B. ≤6.4 kg/h　　　　C. ≤5 kg/h　　　　D. ≤3.2 kg/h

24. 某生产装置 SO_2 排气筒高度 100m，执行《大气污染物综合排放标准》的新污染源标准，标准规定排气筒中 SO_2 最高允许排放浓度 960 mg/m³，100 m 烟囱对应的最高允许排放速率为 170 kg/h。距该排气筒半径 200 m 范围内有一建筑物高 96 m，则排气筒中 SO_2 排放应执行的标准是（　　）。

　　A. 排放浓度≤960 mg/m³，排放速率≤170 mg/m³

　　B. 排放浓度≤960 mg/m³，排放速率≤85 mg/m³

　　C. 排放浓度≤480 mg/m³，排放速率≤170 mg/m³

　　D. 排放浓度≤480 mg/m³，排放速率≤85 mg/m³

25.《大气污染物综合排放标准》规定的最高允许排放速率，新污染源分为（　　）。

　　A. 一、二、三级　　　　　　　　　B. 二、三、四级

　　C. 二、三级　　　　　　　　　　　D. 二级

26.《大气污染物综合排放标准》规定的最高允许排放速率，现有污染源分为（　　）。

　　A. 一、二、三级　　　　　　　　　B. 二、三、四级

　　C. 二、三级　　　　　　　　　　　D. 二级

27. 排气筒高度除须遵守《大气污染物综合排放标准》中列出的排放速率标准值外，还应高出周围 200 m 半径范围的建筑（　　）以上。

　　A. 15 m　　　　　B. 10 m　　　　　C. 6 m　　　　　D. 5 m

28. 排气筒高度如不能达到《大气污染物综合排放标准》中规定要求的高度，应按其高度对应的排放速率标准值严格（　　）执行。

　　A. 80%　　　　　B. 50%　　　　　C. 60%　　　　　D. 40%

29. 两个排放相同污染物（不论其是否由同一生产工艺过程产生）的排气筒，

若其距离（　　）其几何高度之和，应合并视为一根等效排气筒。

　　A. 等于　　　　　B. 小于　　　　　C. 大于　　　　　D. 等于或小于

30. 新污染源的排气筒一般不应低于（　　）。若新污染源的排气筒必须低于此高度时，其排放速率标准值外推法计算结果再严格50%执行。

　　A. 20 m　　　　　B. 10 m　　　　　C. 15 m　　　　　D. 5 m

31. 工业生产尾气确需燃烧排放的，其烟气黑度不得超过林格曼（　　）。

　　A. 1级　　　　　B. 2级　　　　　C. 3级　　　　　D. 4级

32. 根据《大气污染物合排放标准》，对于排气筒中连续性排放的废气，如在1h内等时间间隔采样，应至少采集（　　）个样品，计平均值。

　　A. 2　　　　　B. 3　　　　　C. 4　　　　　D. 5

33.《大气污染物综合排放标准》规定的三项指标，均指（　　）不得超过的限值。

　　A. 日平均值　　　B. 月平均值　　　C. 任何1 h平均值　　　D. 年平均值

34. 排气筒中废气的采样是以连续1 h的采样获取平均值，或在1 h内，以（　　）采集4个样品，并计平均值。

　　A. 昼间　　　　　　　　　　　B. 夜间

　　C. 任意时间间隔　　　　　　　D. 等时间间隔

35. 若某排气筒的排放为间断性排放，排放时间小于1 h，应在排放时段内实行连续采样，或在排放时段内以等时间间隔采集（　　）样品，并计平均值。

　　A. 3个　　　　　B. 4个　　　　　C. 1～3个　　　　　D. 2～4个

36. 现有污染源无组织排放玻璃棉尘、石英粉尘、矿渣棉尘的监控浓度限值（监控点与参照点浓度差值）是（　　）mg/m³。

　　A. 0.15　　　　　B. 2.0　　　　　C. 5.0　　　　　D. 3.0

37. 现有污染源无组织排放二氧化硫的监控浓度限值（监控点与参照点浓度差值）是（　　）mg/m³。

　　A. 0.15　　　　　B. 2.0　　　　　C. 5.0　　　　　D. 0.50

38. 现有污染源无组织排放氮氧化物的监控浓度限值（监控点与参照点浓度差值）是（　　）mg/m³。

　　A. 0.15　　　　　B. 2.0　　　　　C. 5.0　　　　　D. 0.50

39. 新污染源无组织排放氮氧化物的监控浓度限值是（　　）。

　　A. 0.40 mg/m³　　B. 0.12 mg/m³　　C. 1.0 mg/m³　　D. 肉眼不可见

40. 1997年1月1日某建设项目的环境影响评价报告书批准立项，则该项目无组织排放二氧化硫的监控浓度限值是（　　）。

　　A. 0.40 mg/m³　　　B. 0.12 mg/m³　　　C. 1.0 mg/m³　　　D. 肉眼不可见

41. 新污染源无组织排放炭黑尘、染料尘的监控浓度限值是（　　）。

　　A. 0.40 mg/m³　　　B. 0.12 mg/m³　　　C. 1.0 mg/m³　　D. 肉眼不可见

42. 新污染源无组织排放玻璃棉尘、石英粉尘、矿渣棉尘的监控浓度限值是（　　）。

　　A. 0.40 mg/m³　　　　　B. 0.12 mg/m³　　C. 1.0 mg/m³　　　D. 肉眼不可见

43. 某厂排气筒高 20m，生产周期在 8 小时以内，根据《恶臭污染物排放标准》，以下关于采样频率表述正确的是（　　）。

　　A. 每 2 小时采集一次，取其平均值

　　B. 每 2 小时采集一次，取其最大测定值

　　C. 每 4 小时采集一次，取其平均值

　　D. 每 4 小时采集一次，取其最大测定值

44. （　　）起立项的新、扩、改建项目及其建成后投产的企业排放恶臭污染物时执行二级、三级标准中相应的标准值。

　　A. 1994 年 6 月 1 日　　　　　　B. 1997 年 1 月 1 日

　　C. 1997 年 12 月 31 日　　　　　D. 2001 年 1 月 1 日

45. 排入 GB 3095 中一类区的企业排放恶臭污染物时执行一级标准，一类区中（　　）。

　　A. 不得改建的排污单位　　　　　B. 不得扩建的排污单位

　　C. 可以建新的排污单位　　　　　D. 不得建新的排污单位

46. 恶臭污染物厂界标准值分（　　）。

　　A. 一级　　　　B. 二级　　　　C. 三级　　　　D. 四级

47. 《恶臭污染物排放标准》中的"恶臭污染物排放标准值"的单位是（　　）。

　　A. mg/L　　　　B. mg/m³　　　　C. 无量纲　　　　D. kg/h

48. "恶臭污染物厂界标准值"中的臭气浓度的单位是（　　）。

　　A. mg/L　　　　B. mg/m³　　　　C. 无量纲　　　　D. kg/h

49. 排污单位排放的恶臭污染物，在排污单位边界上规定监测点（无其他干扰因素）的（　　）都必须低于或等于恶臭污染物厂界标准值。

　　A. 月平均监测值　　　　　　　　B. 一次最大监测值

　　C. 一小时平均监测值　　　　　　D. 一小时最大监测值

50. 排污单位经烟、气排气筒（高度在 15 m 以上）排放的恶臭污染物的排放量和臭气浓度都必须（　　）恶臭污染物排放标准。

　　A. 大于或等于　　　B. 等于　　　C. 低于　　　　D. 低于或等于

51. 以下不适用《工业炉窑大气污染物物排放标准》的炉窑是（　　）。

　　A. 焦炉　　　　　B. 非金属熔化炉　　　C. 化铁炉　　　D. 炼钢炉

52. 根据《工业炉窑大气污染物物排放标准》，下对炉窑的建设要求表述不正确的是（　　）。

    A. 一类区内禁止新建各种工业炉窑

    B. 一类区内禁止新建各种炉窑，包括市政、建筑施工临时用沥青加热炉

    C. 一类区内允许建设市政、建筑施工临时沥青加热炉

    D. 一类区内原有的工业炉窑改建时不得增加污染负荷

53. 一台 20 t/h 燃煤锅炉始建于 2000 年 10 月，2001 年 5 月投入使用，位于二类区，且处于国务院规定的二氧化硫污染控制区内，根据《锅炉大气污染物排放标准》的规定，以下表述正确的是（　　）。

    A. 该锅炉仅需执行 I 时段二类区标准

    B. 该锅炉除了执行 I 时段二类区标准外，其 SO_2 还应执行所在控制区规定的总量控制标准

    C. 该锅炉仅需执行 II 时段二类区标准

    D. 该锅炉除了执行 II 时段二类区标准外，其 SO_2 还应执行所在控制区规定的总量控制标准

54. 根据《锅炉大气污染物排放标准》，燃气、燃轻柴油、燃煤油锅炉烟囱高度应按批准的环境影响报告书（表）要求确定，但不得低于（　　）m。

    A. 5　　　　　　　B. 8　　　　　　　C. 10　　　　　　D. 20

55. 根据《工业炉窑大气污染物排放标准》，各种工业炉窑烟囱的最低允许高度为（　　）m。

    A. 10　　　　　　　B. 15　　　　　　　C. 20　　　　　　D. 25

56. 《锅炉大气污染物排放标准》适用于除煤粉发电锅炉和（　　）发电锅炉以外的各种容量和用途的燃煤、燃油和燃气锅炉排放大气污染物的管理，以及建设项目环境影响评价、设计、竣工验收和建成后的排污管理。

    A. 双台出力大于 65.5 MW（75 t/h）　　B. 单台出力大于 65.5 MW（75 t/h）

    C. 双台出力大于 45.5 MW（65 t/h）　　D. 单台出力大于 45.5 MW（65 t/h）

57. 使用甘蔗渣、锯末、稻壳、树皮等作为锅炉燃料，参照《锅炉大气污染物排放标准》中（　　）锅炉大气污染物最高允许排放浓度执行。

    A. 燃煤油　　　　B. 燃轻柴油　　　　C. 燃煤　　　　D. 燃气

58. 《锅炉大气污染物排放标准》按锅炉建成使用年限分为两个阶段，I 时段是指（　　）前建成使用的锅炉。

    A. 1994 年 6 月 1 日　　　　　　　B. 1997 年 1 月 1 日

    C. 2000 年 12 月 31 日　　　　　　D. 2001 年 1 月 1 日

59. 新建燃煤、燃油锅炉房装机容量大于 28 MW（40 t/h）时，其烟囱高度应按

批准的环境影响报告书（表）要求确定，但不得低于（　　　）。

　　A. 20 m　　　　　　B. 45 m　　　　　　C. 30 m　　　　　　D. 35 m

60. 新建燃煤、燃油锅炉房烟囱周围半径200 m距离内有建筑物时，其烟囱应高出最高建筑物（　　）以上。

　　A. 3 m　　　　　　B. 4 m　　　　　　C. 5 m　　　　　　D. 6 m

61. 新建成使用（含扩建、改造）单台容量（　　　）的锅炉，必须安装固定的连续监测烟气中烟尘、SO_2排放浓度的仪器。

　　A. ≥30 t/h　　　　B. ≥20 t/h　　　　C. >20 t/h　　　　D. >30 t/h

二、不定项选择题（每题的备选项中至少有一个符合题意）

1. 据《空气质量标准》（GB 3095—2012），下列（　　　）属一类区。

　　A. 自然保护区　　　　　　　　　B. 风景名胜区

　　C. 农村地区　　　　　　　　　　D. 其他需要特殊保护的区域

2. 据《空气质量标准》（GB 3095—2012），下列（　　　）属二类区。

　　A. 工业区　　　　　　　　　　　B. 商业交通居民混合区

　　C. 文化区　　　　　　　　　　　D. 农村地区

3. 据《空气质量标准》（GB 3095—2012），下列（　　　）属二类区。

　　A. 一般工业区　　　　　　　　　B. 居住区

　　C. 特定工业区　　　　　　　　　D. 风景名胜区

4. 据《空气质量标准》（GB 3095—2012），关于环境空气功能区质量要求，以下说法正确的有（　　　）。

　　A. 一类区适用一级浓度限值　　　B. 二类区适用二级浓度限值

　　C. 三类区适用三级浓度限值　　　D. 三类区适用二级浓度限值

5. 下列污染源不适用《大气污染物综合排放标准》的是（　　　）。

　　A. 锅炉　　　　　　　B. 工业炉窑　　　　　　C. 火电厂

　　D. 水泥厂　　　　　　E. 恶臭物质

6. 下列污染源适用《大气污染物综合排放标准》的是（　　　）。

　　A. 火炸药厂　　　　　B. 摩托车　　　　　　　C. 汽车

　　D. 石棉生产厂　　　　E. 建筑搅拌

7.《大气污染物综合排放标准》适用于现有污染源大气污染物排放管理，以及建设项目的（　　　）。

　　A. 施工　　　　　B. 环境影响评价　　　C. 环境保护设施竣工验收

　　D. 设计　　　　　E. 投产后的大气污染物排放管理

8. 以下标准规定的控制指标中，按不同功能区设立了分级排放标准的有（　　　）。

A.《大气污染物综合排放标准》排气筒中大气污染物最高允许排放速率

B.《大气污染物综合排放标准》无组织排放监控浓度限值

C.《恶臭污染物排放标准》排气筒中恶臭污染物小时排放量

D.《恶臭污染物排放标准》恶臭污染物厂界标准

9. 根据《大气污染物综合排放标准》，以下污染物排气筒高度不得低于 25 m 的有（　　）。

A. 甲苯　　　　　　　B. 氯气　　　　　　　C. 氰化氢　　　D. 光气

10. 根据《大气污染物综合排放标准》，以下关于"采样时间和频次"的规定表述正确的有（　　）。

A. 连续排放废气的排气筒，进行连续 1 h 采样计平均值

B. 无组织排放监控点的采样，一般采用连续 1 h 采样计平均值

C. 排气筒为间断性排放且时间小于 1 h 的，可在排放时段内连续采样

D. 污染事故排放监测必须连续采样 1 h 计平均值

11. 1990 年建厂的某企业甲、乙两类生产装置排放的污染物均执行《大气污染物综合排放标准》，1998 年之后国家颁布了甲类装置适用的《××行业大气污染物排放标准》，以下关于甲、乙两类生产装置适用标准表述正确的有（　　）。

A. 乙类装置执行《大气污染物综合排放标准》

B. 甲类装置执行《××行业大气污染物排放标准》

C. 乙类装置执行《××行业大气污染物排放标准》

D. 甲类装置执行《大气污染物综合排放标准》

12. 任何一个排气筒必须同时遵守《大气污染物综合排放标准》设置的两项指标，超过其中任何一项均为超标排放，其两项指标是（　　）。

A. 通过排气筒排放的污染物最高允许排放浓度

B. 通过排气筒排放的污染物，按排气筒大小规定的最高允许排放速率

C. 以无组织方式排放的废气，规定无组织排放的监控点及相应的监控浓度限值

D. 通过排气筒排放的污染物，按排气筒高度规定的最高允许排放速率

13. 下列关于大气污染源排放速率标准分级的说法，错误的是（　　）。

A. 位于一类区的污染源执行一级标准，位于二类区的污染源执行二级标准

B. 位于三类区的污染源执行二级标准

C. 一类区禁止新、扩、改建污染源

D. 一类区现有污染源改建执行新污染源的一级标准

14. 下列关于排气筒监测采样时间与频次的说法，正确的是（　　）。

A. 无组织排放监控点和参照点监测的采样，一般采用连续 1 h 采样计平均值

B. 无组织排放监控点和参照点若分析方法灵敏度高，仅需用短时间采集样品

时，应实行等时间间隔采样，采集 4 个样品计平均值

C. 若某排气筒的排放为间断性排放，排放时间小于 1 h，则应在排放时段内以连续 1 h 的采样获取平均值，或在 1 h 内，以等时间间隔采集 4 个样品，并计平均值

D. 当进行污染事故排放监测时，应按需要设置采样时间和采样频次，不受《大气污染物综合排放标准》规定要求的限制

15. 按照《恶臭污染物排放标准》，对排污单位经排水排出并散发的恶臭污染物和臭气浓度的控制，以下表述正确的是（　　　）。

A. 不得超过"恶臭污染物厂界标准值"

B. 可以等于"恶臭污染物厂界标准值"

C. 不得超过"恶臭污染物排放标准值"

D. 可以等于"恶臭污染物排放标准值"

16. 《恶臭污染物排放标准》适用于全国（　　　）及其建成后的排放管理。

A. 垃圾堆放场的排放管理　　　　B. 所有向大气排放恶臭气体的单位

C. 建设项目的环境影响评价　　　　D. 建设项目的竣工验收

E. 建设项目的设计

17. 《工业炉窑大气污染物排放标准》适用于除（　　　）以外使用固体、液体、气体燃料和电加热的工业炉窑的管理，以及工业炉窑建设项目的环境影响评价、设计、竣工验收及其建成后的排放管理。

A. 熔炼炉　　　B. 炼焦炉　　　C. 干燥炉　　　D. 焚烧炉　　　E. 水泥工业

18. 根据《工业炉窑大气污染物排放标准》，在环境空气一类区建筑工程中，禁止建设的有（　　　）。

A. 钢材热处理炉　　　　　　　　　B. 临时用沥青加热炉

C. 材料干燥炉　　　　　　　　　　D. 石材热处理炉

19. 在一类区内，除（　　　）外，禁止新建各种工业炉窑，原有的工业炉窑改建时不得增加污染负荷。

A. 市政施工临时用沥青加热炉　　　B. 热处理炉

C. 工业企业用沥青加热炉　　　　　D. 建筑施工临时用沥青加热炉

E. 石灰窑

20. 新建锅炉房周围 150 m 处有 47 m 高的建筑物，根据《锅炉大气污染物排放标准》的规定，以下该锅炉房烟囱设计高度中，符合要求的有（　　　）。

A. 40 m　　　　　B. 45 m　　　　　C. 47 m　　　　　D. 60 m

21. 某单位拟在环境空气质量一类区内建设供热锅炉，根据《锅炉大气污染物排放标准》，燃料符合要求的有（　　　）。

A．煤　　　　　　　B．重油　　　　　　　C．渣油　　　　D．天然气

22．《锅炉大气污染物排放标准》适用于除（　　）以外的各种容量和用途的燃煤、燃油和燃气锅炉排放大气污染物的管理，以及建设项目环境影响评价、设计、竣工验收和建成后的排污管理。

　　A．煤粉发电锅炉　　　　　　B．循环流化床锅炉　　　　　C．抛煤机锅炉

　　D．单台出力大于 45.5 MW（65 t/h）发电锅炉

23．《锅炉大气污染物排放标准》分年限规定了锅炉烟气中（　　）的最高允许排放浓度和烟气黑度的排放限值。

　　A．一氧化碳　　　　　　　B．烟尘　　　　　　　C．PM_{10}

　　D．二氧化硫　　　　　　　E．氮氧化物

24．新建成使用（含扩建、改造）单台容量大于等于 20 t/h 的锅炉，必须安装固定的连续监测烟气中（　　）排放浓度的仪器。

　　A．烟尘　　　　B．CO　　　　C．SO_2　　　　D．NO_2

25．《锅炉大气污染物排放标准》按锅炉建成使用年限分为两个阶段，Ⅱ时段是指 2001 年 1 月 1 日起建成使用的锅炉，其中包含在Ⅰ时段（　　）。

　　A．立项未建成的锅炉

　　B．立项未运行使用的锅炉

　　C．建成使用锅炉中需要扩建的锅炉

　　D．建成使用锅炉中需要改造的锅炉

26．《锅炉大气污染物排放标准》规定一类区禁止新建以（　　）为燃料的锅炉。

　　A．轻柴油　　　　B．重油　　　　C．煤油　　　　D．渣油

参考答案

一、单项选择题

1．A【解析】新老标准中的 SO_2 二级标准浓度限值没变，只是单位有变化。另外，对于 SO_2 的 24 小时平均浓度限值二级标准的 150 $\mu g/m^3$ 也该记住。

2．B【解析】新标准中的 NO_2 二级标准浓度限值比老标准要严。

3．D　4．A

5．A【解析】O_3 只有"日最大 8 小时平均"和"1 小时平均"，另外，铅（Pb）也没有 24 小时平均浓度限值。

　　6．C　7．D　8．A　9．A　10．B　11．B　12．D　13．C　14．C　15．D　16．A

17. C   18. B

19. B【解析】空气中的颗粒物大多是不规则的，而粒径是对球形尘粒而言的。颗粒物的大小一般也用"粒径"来衡量，因此，按不同的方法测量颗粒物的粒径，其数值是不同的。空气动力学当量直径是指在静止空气中颗粒物的沉降速度与密度为 1 g/cm^3 的圆球的沉降速度相同时的圆球直径。几何当量直径是指与颗粒物的某一几何量（如面积、体积等）相同时的球形粒子的直径。

20. B   21. C

22. A   【解析】本题符合等效排气筒的条件。排放速率直接相加，等效排气筒的高度相同，不用公式计算，可知为 80 m。

23. D   【解析】用外推法计算排气筒高 12 m 对应的最高允许排放速率为 6.4 kg/h，因排气筒高度达不到相应要求，再严格 50%。注意：这类应用性的题目每年必考，在案例中也有小题出现。

24. B   【解析】最高允许排放浓度不需要严格。

25. C   【解析】1997 年 1 月 1 日前设立的污染源称现有污染源，1997 年 1 月 1 日后设立的污染源称新污染源。

26. A   27. D   28. B   29. B   30. C   31. A   32. C   33. C   34. D   35. D

36. B   【解析】此知识点因无组织排放监控浓度限值较少，易出题目，其他数值太多，不容易出题目。

37. D   38. A   39. B

40. A   【解析】1997 年 1 月 1 日前属现有污染源，1997 年 1 月 1 日起属新污染源，此题属新污染源，限值是 0.4 mg/m^3，而现有污染的浓度限值是 0.5 mg/m^3。

41. D   42. C   43. B

44. A   【解析】各种污染物排放标准执行时段划分见下表。

各种污染物排放标准执行时段

排放标准类型	时段划分
大气污染物综合排放标准	1997 年 1 月 1 日
恶臭污染物排放标准	1994 年 6 月 1 日
锅炉大气污染排放标准	2001 年 1 月 1 日
工业炉窑大气污染排放标准	1997 年 1 月 1 日
污水综合排放标准	1997 年 12 月 31 日

45. D   46. C

47. B   【解析】"恶臭污染物排放标准值"是针对排污单位经烟、气排气筒（高度在 15 m 以上）排放的恶臭污染物的排放量。

48. C   【解析】注意在《恶臭污染物排放标准》中，"臭气浓度"的单位是无量纲。臭气浓度是指恶臭气体（包括异味）用无臭空气进行稀释，稀释到刚好无臭时，所需的稀释倍数。

49. B　50. D　51. A　52. B　53. D　54. B　55. B　56. D　57. C　58. C
59. B　60. A　61. B

二、不定项选择题

1. ABD　2. ABCD

3. ABC　【解析】GB 3095—2012 中没有一般工业区和特定工业区的划分，只要是工业区都是二类区。

4. AB

5. ABCDE　【解析】在我国现有的国家大气污染物排放标准体系中，按照综合性排放标准与行业性排放标准不交叉执行的原则，上述污染源都有各自的排放标准，不再执行《大气污染物综合排放标准》。

6. ADE　【解析】汽车排放执行 GB 14761.1～14761.7—93《汽车大气污染物排放标准》、摩托车排气执行 GB 14621—93《摩托车排气污染物排放标准》。

7. BCDE　8. AD　9. BCD　10. ABC　11. AB　12. AD

13. BCD　【解析】一类区禁止新、扩建污染源，一类区现有污染源改建执行现有污染源的一级标准。

14. ABD　15. AB　16. ABCDE　17. BDE　18. ACD

19. AD　20. D　21. AD　22. AD　23. BDE　24. AC　25. ABCD

26. BD　【解析】各种排放标准一类区禁止行为见下表：

排放标准类型	执行排放标准时禁止行为
大气污染物综合排放标准	一类区禁止新、扩建污染源
恶臭污染物排放标准	一类区禁止建新的排污单位
锅炉大气污染排放标准	一类区禁止新建以重油、渣油为燃料的锅炉
工业炉窑大气污染排放标准	一类区禁止新建各种工业炉窑（除市政、建筑施工临时用沥青加热炉外）
污水综合排放标准	GB 3838—2002 中 Ⅰ、Ⅱ类水域和Ⅲ类水域中划定的保护区，GB 3097 中一类海域，禁止新建排污口

第四章　地面水环境影响评价技术导则与相关标准

第一节　环境影响评价技术导则—地面水环境

一、单项选择题（每题的备选项中，只有一个最符合题意）

1. 拟建项目向附近的一条小河（Ⅳ类水质）排放生活、生产污水共 1.5×10^4 m³/d，生产污水中含有总汞等 7 个水质参数，pH 值为 5。按照《环境影响评价技术导则—地面水环境》，确定本项目地面水环境影响评价工作等级为（　　）。

A. 一级　　　　　　　　　　　B. 二级

C. 三级　　　　　　　　　　　D. 低于三级

2. 地面水环境影响评价分级判据的污水排放量划分为（　　）等级。

A. 3 个　　　　B. 4 个　　　　C. 5 个　　　　D. 6 个

3. 地面水环境影响评价分级判据的污水排放量划分为 5 个等级，其中第三个等级的范围是（　　）。

A. 10 000 m³/d＞Q≥5 000 m³/d　　　B. 5 000 m³/d＞Q≥1 000 m³/d

C. 20 000 m³/d＞Q≥10 000 m³/d　　D. 10 000 m³/d＞Q≥6 000 m³/d

4. 地面水环境影响评价分级判据的"污水水质的复杂程度"中的"复杂"类别是指（　　）。

A. 污染物类型数＞3，或者只含有三类污染物，但需预测其浓度的水质参数数目≥12

B. 污染物类型数≥3，或者只含有两类污染物，但需预测其浓度的水质参数数目≥10

C. 污染物类型数＝2，且需预测其浓度的水质参数数目＜10

D. 只含有一类污染物，但需预测其浓度的水质参数数目≥7

E. 污染物类型数＝1，需预测浓度的水质参数数目＜7

5. 污水中只含有两类污染物，但需预测其浓度的水质参数数目≥10，这类污水水质的复杂程度属（　　）。

A. 复杂　　　　B. 中等　　　　C. 简单　　　　D. 一般

6. 污水中只含有一类污染物，但需预测其浓度的水质参数数目≥7，这类污水水质的复杂程度属（　　）。

  A．复杂   B．中等   C．简单   D．一般

  7．污水中污染物类型数＝1，需预测浓度的水质参数数目＜7，这类污水水质的复杂程度属（　　）。

  A．复杂   B．中等   C．简单   D．一般

  8．某污水的污染物类型数＝4，且需预测浓度的水质参数数目＝7，这类污水水质的复杂程度属（　　）。

  A．复杂   B．中等   C．简单   D．一般

  9．某污水的污染物类型数＝2，且需预测浓度的水质参数数目＝10，这类污水水质的复杂程度属（　　）。

  A．复杂   B．中等   C．简单   D．一般

  10．对河流与河口，水环境影响评价分级判据的"水域规模"是按建设项目（　　）划分。

  A．排污口附近河段的多年平均流量

  B．排污口附近河段的最近二年平均流量或丰水期平均流量

  C．排污口附近河段的多年平均流量或平水期平均流量

  D．平水期平均流量

  11．对河流与河口，水环境影响评价分级判据的"水域规模"中的"大河"是指（　　）。

  A．$Q > 150 \ m^3/s$ B．$Q \geq 100 \ m^3/s$ C．$Q \geq 180 \ m^3/s$ D．$Q \geq 150 \ m^3/s$

  12．对河流与河口，水环境影响评价分级判据的"水域规模"中的"中河"是指（　　）。

  A．$15 \sim 150 \ m^3/s$ B．$10 \sim 100 \ m^3/s$ C．$16 \sim 160 \ m^3/s$ D．$20 \sim 200 \ m^3/s$

  13．某排污口附近河段的平水期平均流量为 $138 \ m^3/s$，其水域规模为（　　）。

  A．大河   B．中河   C．小河   D．特大河

  14．某排污口附近河段的多年平均流量为 $15 \ m^3/s$，其水域规模为（　　）。

  A．大河   B．中河   C．小河   D．特大河

  15．对湖泊和水库，"水域规模"划分为"大湖（库）、中湖（库）、小湖（库）"的依据是（　　）。

  A．平水期湖泊或水库的平均水深以及水面面积

  B．丰水期湖泊或水库的平均水深以及水面面积

  C．枯水期湖泊或水库的平均水深或水面面积

  D．枯水期湖泊或水库的平均水深以及水面面积

  16．某水库平均水深 $5 \ m$，水面面积 $50 \ km^2$，其水域规模为（　　）。

　　A．小水库　　　　　B．中水库　　　　　C．一般水库　　　　　D．大水库

17．某湖泊平均水深 10 m，水面面积 23 km²，其水域规模为（　　　）。

　　A．小湖　　　　　　B．中湖　　　　　　C．一般湖　　　　　　D．大湖

18．某项目地面水环境影响评价等级为二级，计划于两年后开始建设，污水拟排放附近的湖泊。根据《环境影响评价技术导则—地面水环境》，该湖泊水质现状调查时间至少应包括（　　　）。

　　A．丰水期和平水期　　　　　　　　　　B．平水期和枯水期

　　C．丰水期和枯水期　　　　　　　　　　D．枯水期

19．根据《环境影响评价技术导则—地面水环境》，向某小型封闭海湾排放水的工业项目，在确定环境现状调查范围时，主要考虑的因素是（　　　）。

　　A．污水排放量　　　　　　　　　　　　B．海湾面积

　　C．海岸线长度　　　　　　　　　　　　D．污水排放周期

20．根据《环境影响评价技术导则—地面水环境》，位于河口的某建设项目地表水评价等级为一级，须进行水质调查的时期是（　　　）。

　　A．干水期和枯水期　　　　　　　　　　B．丰水期和枯水期

　　C．丰水期和平水期　　　　　　　　　　D．丰水期、平水期和枯水期

21．一般情况，河流一级评价调查时期为一个水文年的（　　　）。

　　A．平水期和枯水期　　　　　　　　　　B．丰水期和枯水期

　　C．丰水期、平水期和枯水期　　　　　　D．丰水期和平水期

22．若评价时间不够，河流一级评价至少应调查（　　　）。

　　A．平水期和枯水期　　　　　　　　　　B．丰水期和枯水期

　　C．丰水期和平水期　　　　　　　　　　D．丰水期

23．一般情况，河流三级评价可调查（　　　）。

　　A．平水期和枯水期　　　　　　　　　　B．丰水期和枯水期

　　C．平水期　　　　　　　　　　　　　　D．枯水期

24．一般情况，河流二级评价可只调查（　　　）。

　　A．丰水期、平水期和枯水期　　　　　　B．丰水期和枯水期

　　C．平水期和枯水期　　　　　　　　　　D．丰水期和平水期

25．一般情况，河口一级评价调查时期为一个潮汐年的（　　　）。

　　A．平水期和枯水期　　　　　　　　　　B．丰水期、平水期和枯水期

　　C．丰水期和枯水期　　　　　　　　　　D．大潮期和小潮期

26．一般情况，河口二级评价应调查（　　　）。

　　A．平水期和枯水期　　　　　　　　　　B．丰水期、平水期和枯水期

　　C．丰水期和枯水期　　　　　　　　　　D．大潮期和小潮期

27．一般情况，河口三级评价应调查（　　　）。

A．平水期和枯水期　　　　　　　　B．枯水期

C．平水期　　　　　　　　　　　　D．小潮期

28．一般情况，湖泊、水库一级评价调查时期为一个水文年的（　　　）。

A．平水期和枯水期　　　　　　　　B．丰水期、平水期和枯水期

C．丰水期和枯水期　　　　　　　　D．平水期和丰水期

29．一般情况，湖泊、水库二级评价可只调查（　　　）。

A．丰水期、平水期和枯水期　　　　B．丰水期和枯水期

C．平水期和枯水期　　　　　　　　D．丰水期和平水期

30．一般情况，湖泊、水库三级评价可调查（　　　）。

A．平水期和枯水期　　　　　　　　B．丰水期和枯水期

C．平水期　　　　　　　　　　　　D．枯水期

31．一般情况，海湾三级评价应调查评价工作期间的（　　　）。

A．大潮期和小潮期　　　　　　　　B．小潮期

C．大潮期　　　　　　　　　　　　D．枯水期

32．一般情况，水文调查与水文测量在（　　　）进行。

A．丰水期　　B．平水期和枯水期　　C．枯水期　　　　D．平水期

33．根据《环境影响评价技术导则—地面水环境》，确定评价区现有点污染源调查的繁简程度时，应考虑的主要因素是（　　　）。

A．建设规模　　　　　　　　　　　B．点源的污水排放量

C．点源的污水性质　　　　　　　　D．点源与建设项目关系

34．某住宅区项目向一个河流排污，河流排污口上游无污染源汇入。根据《环境影响评价技术导则—地面水环境》，该项目在水质调查时应选择的参数是（　　　）。

A．苯类　　　　　B．氟化物　　　　C．磷酸盐　　　　D．挥发性酚

35．经初步预测，某建设项目排放的污水可能对排污口上游300 m至下游3 km的受纳河流水有较显著的影响，对距排污口上游2 km的保护目标影响轻微。按照《环境影响评价技术导则—地面水环境》，该项目地表水环境现状调查范围可定为排污口（　　　）之间的河段。

A．上游300 m至下游3 km　　　　　B．上游1 km至下游3 km

C．上游1 km至下游5 km　　　　　　D．上游2.5 km至下游5 km

36．水环境点源调查的原则应以（　　　）为主。

A．类比调查　　B．搜集现有资料　　C．现场测试　　　D．现场调查

37．点源调查的繁简程度可根据（　　　）及其与建设项目的关系而略有不同。

A．评价级别　　B．受纳水体　　　　C．投资规模　　　D．地理条件

38. 水环境非点源调查的原则基本上采用（　　）的方法。

A. 现场调查　　　B. 遥感判读　　　C. 现场测试　　　D. 搜集资料

39. 公式 $ISE = \dfrac{c_p Q_p}{(c_s - c_h) Q_h}$ 中的 c_h 是指（　　）。

A. 污染物排放浓度（mg/L）　　　　B. 水质参数的地表水的水质标准

C. 河流上游污染物浓度（mg/L）　　D. 河流下游污染物浓度（mg/L）

40. 公式 $ISE = \dfrac{c_p Q_p}{(c_s - c_h) Q_h}$ 中的 Q_h 是指（　　）。

A. 废水排放量（mg/s）　　　　　　B. 河流流量（t/s）

C. 废水排放量（m³/s）　　　　　　D. 河流流量（m³/s）

41. 一般情况，水域布设取样断面在拟建排污口上游（　　）处应设置一个。

A. 500 m　　　B. 400 m　　　C. 300 m　　　D. 200 m

42. 某河多年平均流量为 13 m³/s，河流断面形状为矩形，河宽 12 m，在取样断面上应设（　　）取样垂线。

A. 一条　　　B. 二条　　　C. 三条　　　D. 四条

43. 对大、中河，河宽小于 50 m 者，在取样断面上距岸边（　　）水面宽处，各设一条取样垂线，共设两条取样垂线。

A. 1/5　　　B. 1/4　　　C. 1/2　　　D. 1/3

44. 对大、中河，河宽大于 50 m 者，在取样断面的主流线上及距两岸不少于（　　），并有明显水流的地方，各设一条取样垂线即共设三条取样垂线。

A. 0.6 m　　　B. 0.2 m　　　C. 0.5 m　　　D. 0.3 m

45. 对于三级评价的小河不论河水深浅，只在一条垂线上一个点取一个样，一般情况下取样点应在水面下 0.5 m 处，距河底不应小于（　　）。

A. 0.6 m　　　B. 0.2 m　　　C. 0.5 m　　　D. 0.3 m

46. 在一条河流取样垂线上，在水深不足 1 m 时，取样点距水面不应小于（　　），距河底也不应小于（　　）。

A. 0.3 m，0.3 m　B. 0.5 m，0.3 m　C. 0.5 m，0.5 m　D. 0.3 m，0.5 m

47. 某河平水期平均流量为 180 m³/s，河流断面形状近似矩形，河宽 55 m，水深 7 m，在取样断面上应取（　　）水样。

A. 6 个　　　B. 5 个　　　C. 4 个　　　D. 2 个

48. 某河平水期平均流量为 120 m³/s，河流断面形状近似矩形，河宽 60 m，水深 4.2 m，在取样断面上应取（　　）水样。

A. 6 个　　　B. 3 个　　　C. 4 个　　　D. 2 个

49. 某河多年平均流量为 150 m³/s，河流断面形状为矩形，河宽 30 m，水深 6

m，在取样断面上应取（　　）水样。

　　A．6个　　　　　B．5个　　　　　C．4个　　　　　D．2个

　　50．某河多年平均流量为100 m³/s，河流断面形状近似矩形，河宽30 m，水深4 m，在取样断面上应取（　　）水样。

　　A．6个　　　　　B．5个　　　　　C．4个　　　　　D．2个

　　51．某河平水期平均流量为180 m³/s，一级评价，河流断面形状近似矩形，河宽55 m，水深7 m，在取样断面上应取（　　）水样分析。

　　A．6个　　　　　B．5个　　　　　C．4个　　　　　D．2个

　　52．某河平水期平均流量为120 m³/s，二级评价，不需要预测混合过程段水质，河流断面形状近似矩形，河宽60 m，水深4.2 m，在取样断面上每次应取（　　）分析。

　　A．6个水样　　　　　　　　　　　B．3个水样

　　C．2个混合水样　　　　　　　　　D．1个混匀水样

　　53．湖泊、水库取样位置可以采用以建设项目的排放口为中心，沿（　　）布设的方法。

　　A．南北向　　　　B．放射线　　　　C．同心圆　　　　D．东西向

　　54．对于大、中型湖泊、水库，当平均水深大于等于10 m时，在水面下0.5 m及（　　）以下，距底0.5 m以上处各取一个水样。

　　A．逆温层　　　　B．0℃等温层　　　C．斜温层　　　　D．5℃等温层

　　55．对于小型湖泊、水库，当平均水深大于等于10 m时，水面下0.5 m处和水深（　　），并距底不小于0.5 m处各设一取样点。

　　A．5 m　　　　　B．8 m　　　　　C．6 m　　　　　D．10 m

　　56．下列关于湖泊、水库的水样的对待，说法错误的是（　　）。

　　A．小型湖泊、水库如水深小于10 m时，每个取样位置取一个水样

　　B．大、中型湖泊、水库各取样位置上不同深度的水样均不混合

　　C．小型湖泊、水库如水深大于等于10 m时则一般只取一个混合样

　　D．大、中型湖泊、水库如水深大于等于10 m时则一般只取一个混合样

　　57．对于海湾，在水深大于等于10 m时，在水面下0.5 m处和水深（　　）并距海底不小于0.5 m处各设一取样点。

　　A．5 m　　　　　B．8 m　　　　　C．6 m　　　　　D．10 m

　　58．当建设项目污水排放量小于50 000 m³/d时，大型湖泊的一级评价每（　　）布设一个取样位置。

　　A．3～6 km²　　　B．1～2.5 km²　　C．1.5～3.5 km²　　D．4～7 km²

　　59．当建设项目污水排放量大于50 000 m³/d时，小型湖泊的一级评价每（　　）布设一个取样位置。

A. 0.5～1.5 km² 　　 B. 1～2 km² 　　 C. 1.5～3.5 km² 　　 D. 2～4 km²

60. 对二级评价的大、中型湖泊、水库，当建设项目污水排放量小于 50 000 m³/d 时，每（　　）应布设一个取样位置。

A. 1.5～3.5 km² 　　 B. 2～4 km² 　　 C. 1～2.5 km² 　　 D. 4～7 km²

61. 对设有闸坝受人工控制的河流，用水时期，如用水量小时其取样断面、取样位置、取样点的布设以及水质调查的取样次数应按（　　）处理。

A. 河流 　　　　　 B. 水库 　　　　　 C. 湖泊 　　　　　 D. 河口

62. 按照《环境影响评价技术导则—地面水环境》，在现状已经超标的情况下，地面水环境影响评价时，单项水质数评价可以采用（　　）。

A. 矩阵法 　　 B. 加权平均法 　　 C. 标准指数法 　　 D. 幂指数法

63. 某水域 5 年内规划有 4 个建设项目向其排污，按照《环境影响评价技术导则—地面水环境》，用单项水质参数评价该水域环境影响，可以采用（　　）。

A. 矩阵法 　　　　　　　　　 B. 幂指数法

C. 加权平均法 　　　　　　　 D. 自净利用指数法

64. 地面水环境水质现状评价主要采用（　　）。

A. 定性分析 　　　　　　　 B. 文字分析与描述，并辅之以数学表达式

C. 定量分析 　　　　　　　 D. 数学表达式，并辅之以文字分析与描述

65. 多项水质参数综合评价在（　　）应用。

A. 调查的水质参数大于 3 项时 　　　 B. 调查的水质参数大于等于 1 项时

C. 调查的水质参数较多时 　　　　　 D. 任何情况都可用

66. 地面水环境预测应考虑水体自净能力不同的各个时段。评价等级为一、二级时应预测（　　）的环境影响。

A. 水体自净能力最小和一般两个时段 　　 B. 水体自净能力最小和最大两个时段

C. 水体自净能力最小时段 　　　　　　　 D. 枯水期和丰水期两个时段

67. 地面水环境预测应考虑水体自净能力不同的各个时段。评价等级为三级时应预测（　　）的环境影响。

A. 水体自净能力最小和一般两个时段 　　 B. 水体自净能力一般时段

C. 水体自净能力最小时段 　　　　　　　 D. 水体自净能力最大时段

68. 当河流的断面宽深比（　　）时，可视为矩形河流。

A. ≥10 　　　　 B. ≥20 　　　　 C. ≥30 　　　　 D. ＞20

69. 大、中河流中，预测河段的最大弯曲系数（　　），可以简化为平直河流。

A. ＞1.3 　　　　 B. ≤1.6 　　　　 C. ≥1.3 　　　　 D. ≤1.3

70. 按照《环境影响评价技术导则—地面水环境》，某评价河段的断面宽深比为 25，最大弯曲系数 0.8，该河段可简化为（　　）。

A．矩形弯曲河流　　　　　　　　　　B．矩形平直河流

C．非矩形平直河流　　　　　　　　　D．非矩形弯曲河流

71．某小河断面宽深比 25，预测河段弯曲参数 1.5。根据《环境影响评价技术导则—地面水环境》，该河可简化为（　　　）。

A．矩形平直河流　　　　　　　　　　B．矩形弯曲河流

C．非矩形河流　　　　　　　　　　　D．弯曲河流

72．河流汇合部可以分为（　　　）三段分别进行环境影响预测。

A．支流、江心洲、汇合后主流

B．河流无感潮段、河流感潮段、口外滨海段

C．支流、汇合前主流、汇合后主流

D．支流、汇合前主流、江心洲

73．下列关于湖泊、水库简化的简化要求说法错误的是（　　　）。

A．评价等级为一级时，大湖（库）可以按中湖（库）对待，停留时间较短时也可以按小湖（库）对待

B．评价等级为一级时，中湖（库）可以按大湖（库）对待，停留时间较短时也可以按小湖（库）对待

C．评价等级为三级时，中湖（库）可以按小湖（库）对待，停留时间很长时也可以按大湖（库）对待

D．评价等级为二级时，如何简化可视具体情况而定

E．水深大于 10 m 且分层期较长（如>30 d）的湖泊、水库可视为分层湖（库）

74．排入河流的点源两排放口的间距较近时，可以简化为一个，其位置假设在（　　　），其排放量为两者之和。

A．排污量较大的排放口　　　　　　　B．两排放口之间

C．任意一个排放口　　　　　　　　　D．排污量较小的排放口

75．排入小湖（库）的所有点源排放口可以简化为（　　　），其排放量为所有排放量之和。

A．一个　　　　B．二个　　　　C．三个　　　　D．四个

76．当排入大湖（库）的（　　　）时，可以简化成一个排污口。

A．两排放口间距较近　　　　　　　　B．所有排放口间距较近

C．两排放口间距较远　　　　　　　　D．所有排放口间距较远

77．内陆某拟建项目污水排向一小河，地表水评价等级为二级，该小河在排污口下游 6 km 处汇入具有重要用水功能的中河。根据《环境影响评价技术导则—地面水环境》，在该项目进行环境影响预测时，不需要预测的点是（　　　）。

A．排放口附近　　　　　　　　　　　B．排放口的上游断面

C．排放口下游的重要水工构筑物附近　　　D．小河与中河汇合口下游

78．根据《环境影响评价技术导则—地面水环境》，以下符合预测水质参数筛选要求的是（　　）。

A．建设过程和生产运行过程拟预测水质参数应相同

B．建设过程、生产过程和服务期满后拟预测水质参数应相同

C．建设过程和服务期满后拟预测水质参数应相同

D．建设过程、生产过程和服务期满后拟预测水质参数可能不同

79．某拟建项目排放的废水水温 46℃、pH7.8，含有汞、锌、铜、铅四种污染物。根据《环境影响评价技术导则—地面水环境》，该项目在进行水环境影响预测时应考虑的污染物类型是（　　）。

A．持久性污染物、非持久性污染物、酸碱污染物

B．持久性污染物、非持久性污染物、酸碱污染物、废热

C．持久性污染物、酸碱污染物

D．持久性污染物、废热

80．根据《环境影响评价技术导则—地面水环境》，在地面水环境影响预测中，污染源无组织排放可简化成面源，其排放规律可简化为（　　）。

A．非连续恒定排放　　　　　　　　B．连续恒定排放

C．非连续非恒定排放　　　　　　　D．连续非恒定排放

81．根据《环境影响评价技术导则—地面水环境》，以下属于持久性污染物充分混合段的数学预测模式是（　　）。

A．河流完全混合模式　　　　　　　B．二维稳态混合模式

C．S-P 模式　　　　　　　　　　　D．弗—罗衰减模式

82．根据《环境影响评技术导则—地面水环境》，在进行水环境影响预测时，以下不可作为筛选和确定预测参数依据的是（　　）。

A．工程分析　　　　　　　　　　　B．评价等级

C．当地的环保要求　　　　　　　　D．行业协会的要求

83．某项目向附近湖泊间断排放污水，根据《环境影响评价技术导则—地面水环境》，下述可以选用的混合过程段水质预测数学模式为（　　）。

A．解析模式　　　　　　　　　　　B．动态数值模式

C．一维稳态数值模式　　　　　　　D．三维稳态数值模式

84．某项目地面水环境影响评价等级为一级，污水排入附近大河，距排污口下游 4 km 有集中饮用水源。根据《环境影响评价技术导则—地面水环境》，预测该项目混合过程段的水质最低应选用（　　）维数学模式。

A．零　　　　　　B．一　　　　　　C．二　　　　　D．三

85．根据《环境影响评价技术导则—地面水环境》，下述情况水质预测适用二维解析模式的是（　　　）。

A．水深变化不大的水库中连续恒定排放点源

B．水深变化较大的水库中连续恒定排放点源

C．水深变化不大的水库中连续恒定排放面源

D．水深变化较大的水库中连续恒定排放面源

86．某拟建项目每天向附近湖泊连续排放污水，枯水期水库平均水深 8 m、水面面积 2 km^2。根据《环境影响评价技术导则—地面水环境》，预测污水中化学需氧量长期平均浓度应采用的模式为（　　　）。

A．湖泊移流模式　　　　　　　　　　B．湖泊环流混全衰减模式

C．湖泊完全混合衰减模式　　　　　　D．湖泊完全混合平衡模式

87．建设项目地面水环境点源影响预测的方法首先应考虑（　　　）。

A．专业判断法　　　　　　　　　　　B．物理模型法

C．类比调查法　　　　　　　　　　　D．数学模式法

88．选用数学模式进行预测各类地面水体水质时要注意模式的应用条件，如实际情况不能很好满足模式的应用条件而又拟采用时，要对模式进行（　　　）。

A．修正并验证　　　B．验证　　　C．修正　　　D．更正

89．地面水环境影响预测时，当评价等级为（　　　）且建设项目的某些环境影响不大而预测又费时费力时可以采用专业判断法预测。

A．一级　　　　B．二级　　　　C．三级　　　　D．二级以下

90．地面水环境影响预测时，类比调查法只能做（　　　）预测。

A．定量　　　　B．定性　　　　C．半定量　　　　D．半定量或定性

91．水工模型法定量化程度较高，再现性好，能反映比较复杂的地面水环境的水力特征和污染物迁移的物理过程，但需要有合适的试验条件和必要的基础数据，此种方法属（　　　）。

A．专业判断法　　　B．物理模型法　　　C．类比调查法　　　D．数学模式法

92．建设项目对地面水的某些影响如感官性状、有毒物质在底泥中的累积和释放等，当没有条件进行类比调查法时，可以采用（　　　）进行预测。

A．专业判断法　　　　　　　　　　　B．物理模型法

C．类比调查法　　　　　　　　　　　D．数学模式法

93．预测范围内的河段可以分为（　　　）。

A．完全混合过程段、混合过程段和下游河段

B．充分混合段、完全充分混合段和中游河段

C．完全充分混合段、部分充分混合段和混合过程段

D. 充分混合段、混合过程段和排污口上游河段

94. 河流充分混合段是指污染物浓度在断面上均匀分布的河段。当（　　）时，可以认为达到均匀分布。

A. 断面上任意一点的浓度与断面平均浓度之差等于平均浓度的 5%

B. 断面上任意一点的浓度与断面平均浓度之差小于平均浓度的 5%

C. 断面上任意一点的浓度与断面平均浓度之差大于平均浓度的 5%

D. 断面上任意一点的浓度与断面平均浓度之差小于平均浓度的 10%

95. 当需要预测（　　）的水质时，应在该段河流中布设若干预测点。

A. 充分混合段　　　　　　　　B. 河流混合过程段

C. 上游河段　　　　　　　　　D. 下游河段

96. 对于（　　）河段，当拟预测溶解氧时，不需要预测最大亏氧点。

A. 分段预测　　　　B. 弯曲　　　　C. 矩形　　　　D. 非矩形

97. 矿山开发项目应预测其（　　）的地面水面源环境影响。

A. 建设过程阶段和运行阶段　　　B. 建设过程阶段和服务期满后

C. 生产运行阶段和服务期满后　　D. 生产运行阶段

98. 某些建设项目（如冶炼、火力发电、初级建筑材料的生产）露天堆放的原料、燃料、废渣、废弃物较多，这种情况应预测其（　　）的环境影响。

A. 堆积物面源　　　　　　　　B. 水土流失面源

C. 降尘面源　　　　　　　　　D. 烟尘面源

99. 水土流失面源和堆积面源主要考虑（　　）全部降雨产生的影响。

A. 一次降雨　　　　　　　　　B. 某一个月

C. 建设项目所在地　　　　　　D. 一定时期内

100. 评价地面水环境影响时，（　　）是评价建设项目环境影响的基本资料。

A. 水域功能　　　B. 工程性质　　　C. 评价标准　　　D. 环境现状

101. 评价建设项目的地面水环境影响所采用的水质标准与环境现状评价（　　）。

A. 不相同　　　B. 不一定相同　　　C. 相同　　　D. 以上都不是

102. 规划中几个建设项目在一定时期（如 5 年）内兴建并且向同一地面水环境排污的情况可以采用（　　）进行单项评价。

A. 标准指数法　　　　　　　　B. 极值指数法

C. 自净利用指数法　　　　　　D. 内梅罗指数法

103. 环境现状已经超标的情况可以采用（　　）进行单项评价。

A. 标准指数法　　　　　　　　B. 极值指数法

C. 自净利用指数法　　　　　　D. 内梅罗指数法

104．一般情况下，单项水质参数评价采用（　　　）进行。

A．标准指数法　　　　　　　　　B．极值指数法

C．自净利用指数法　　　　　　　D．内梅罗指数法

二、不定项选择题（每题的备选项中至少有一个符合题意）

1．根据《环境影响评价技术导则—地面水环境》，下述关于河流水质取样断面布设原则的表述，不正确的有（　　　）。

A．在拟建排污口上游 500 m 应布设取样断面

B．水质现状监测取样断面不必考虑进行预测的地点

C．调查范围内支流汇入处和污水排入处应设置取样断面

D．河口感潮河段内拟设排污口时，可只在下游布设监测取样断面

2．某项目水环境评价等级为三级，按照《环境影响评价技术导则—地面水环境》，其运行期至少需预测（　　　）的环境影响。

A．正常排放、水体自净能力最小时段

B．正常排放、水体自净能力一般时段

C．非正常排放、水体自净能力最小时段

D．非正常排放、水体自净能力一般时段

3．根据《环境影响评价技术导则—地面水环境》，确定某矿山工程水环境影响预测时段的依据有（　　　）。

A．矿山工程的特点　　　　　　　B．评价工程周期

C．地面水环境特点　　　　　　　D．当地环保部门要求

4．根据《环境影响评价技术导则—地面水环境》，现状评价可以采用的方法有（　　　）。

A．统计检出率　　　　　　　　　B．统计超标率

C．统计超标倍数　　　　　　　　D．单项水质参数评价

5．规划 3 个拟建项目在 4 年内兴建完成并向同一地面水环境排污，河流有断流超标现象，根据《环境影响评价技术导则—地面水环境》，关于评价基本资料表述正确的有（　　　）。

A．可以利用已有的监测资料

B．断流河道应由环保部门规定功能，并据以选择标准

C．环保部门规定排污要求

D．建设单位自行规定各建设项目排污总量指标

6．根据《环境影响评价技术导则—地面水环境》，以下属于地面水环境影响评价工作级别划分依据的有（　　　）。

　　A. 装置平面布置　　　　　　　　　　B. 建设项目的污水排放量

　　C. 受纳污水的地面水域规模　　　　　D. 生产周期

7. 地面水环境影响评价分级根据下列（　　）条件进行。

　　A. 建设项目的污水排放量　　　　　　B. 污水水质的复杂程度

　　C. 受纳水域的规模　　　　　　　　　D. 投资规模

　　E. 水质类别

8. 地面水环境影响评价分级判据的污水排放量中不包括（　　）。

　　A. 间接冷却水　　　　　　　　　　　B. 含热量大的冷却水

　　C. 含污染物极少的清净下水　　　　　D. 循环水

9. 根据污染物在水环境中输移、衰减特点以及它们的预测模式，将污染物分为（　　）。

　　A. 持久性污染物　　　　　　　　　　B. 非持久性污染物

　　C. 酸和碱　　　　　D. 需氧性有机污染物　　E. 热污染

10. 地面水环境影响评价分级判据的"污水水质的复杂程度"中的"复杂"类别是指（　　）。

　　A. 污染物类型数＞3，或者只含有二类污染物，但需预测其浓度的水质参数数目≥7

　　B. 污染物类型数≥3

　　C. 污染物类型数＝2，且需预测其浓度的水质参数数目＜10

　　D. 只含有两类污染物，但需预测其浓度的水质参数数目≥10

11. 地面水环境影响评价分级判据的"污水水质的复杂程度"中的"中等"类别是指（　　）。

　　A. 污染物类型数≥2　　　　　　　B. 污染物类型数≥3

　　C. 污染物类型数＝2，且需预测其浓度的水质参数数目＜10

　　D. 只含有一类污染物，但需预测其浓度的水质参数数目≥7

　　E. 只含有两类污染物，但需预测其浓度的水质参数数目≥10

12. 对河流与河口，水环境影响评价分级判据的"水域规模"是按建设项目（　　）划分。

　　A. 排污口附近河段的多年平均流量

　　B. 排污口附近河段的最近两年平均流量

　　C. 丰水期平均流量　　　　　　　　D. 平水期平均流量

13. 在确定某项具体工程的地面水环境调查范围时，应尽量按照（　　）来决定。

　　A. 将来污染物排放后可能的达标范围　　B. 污水排放量的大小

C．受纳水域的特点　　　　　　　D．评价等级的高低

14．下列不属于河流的水文调查与水文测量的内容是（　　）。

A．流量　　B．弯曲系数　　C．潮差　　D．水温分层　　E．糙率

15．感潮河口的水文调查与水文测量的内容除与河流相同的内容外，还有（　　）。

A．盐度、温度分层情况　　　　　　B．感潮河段的范围

C．潮间隙、潮差和历时　　　　　　D．横断面、水面坡度

E．涨潮、落潮及平潮时的水位、水深、流向、流速及其分布

16．水环境点源调查的基本内容包括（　　）。

A．排放口的平面位置、排放方向、排放形式

B．原料、燃料、废弃物的堆放位置、堆放面积、堆放形式等

C．排放数据

D．用排水状况

E．厂矿企业、事业单位的废、污水处理状况

17．水环境非点污染源调查的基本内容包括（　　）。

A．排气筒的高度

B．排放方式、排放去向与处理情况

C．排放季节、排放时期、排放量、排放浓度及其他变化等数据

D．原料、燃料、废弃物的堆放位置、堆放面积、堆放形式、堆放点的地面铺
　　装及其保洁程度、堆放物的遮盖方式等

18．一般情况下，水质调查所选择的水质参数包括的类别有（　　）。

A．底质参数　　　　　　　　　　B．特征水质参数

C．常规水质参数　　　　　　　　D．水生生物参数

19．特征水质参数的选择应根据（　　）选定。

A．地理条件　　　　　　　　　　B．水域类别

C．评价等级　　　　　　　　　　D．建设项目特点

20．当受纳水域的环境保护要求较高，且评价等级为一、二级时，水质参数调
查除常规、特征参数外还应考虑（　　）。

A．水生生物　　B．陆生生物　　C．底质　　　D．水质用途

21．各类水域在下列应布设取样断面的情况是（　　）。

A．调查范围的两端

B．调查范围内重点保护对象附近水域

C．水文特征突然变化处、水质急剧变化处、重点水工构筑物附近

D．水文站附近等应布设采样断面

E．在拟建排污口上游 1 000 m 处

22．地面水环境水质现状评价采用数学表达式时，分为（　　）。

A．单项水质参数评价　　　　　　B．南京水质参数综合评价

C．米勒水质参数综合评价　　　　D．多项水质参数综合评价

23．同时具备大型建设项目应预测建设过程阶段的环境影响的特点是（　　）。

A．地面水水质要求较高，如要求达到Ⅲ类以上

B．可能进入地面水环境的堆积物较多或土方量较大

C．建设阶段时间较长，如超过一年

D．建设阶段时间较长，如超过半年

24．冰封期较长的水域，当其水体功能为（　　）时，还应预测冰封期的环境影响。

A．娱乐用水　　　　　　B．生活饮用水　　　　　　C．农业用水

D．食品工业用水水源　　E．渔业用水

25．当（　　）时，地面水环境影响预测应该考虑污水排放的动量和浮力作用。

A．污水排放量相对于水体来说过大　　B．污水排放速度相对于水体来说过大

C．预测范围距排放口较近　　　　　　D．预测范围距排放口较远

26．建设项目实施过程各阶段拟预测的水质参数应根据（　　）筛选和确定。

A．工程分析　　　　　　B．环境现状　　　　　　C．评价等级

D．国家法律法规　　　　E．当地的环保要求

27．下列关于建设项目拟预测水质参数筛选的原则，说法错误的是（　　）。

A．拟预测水质参数的数目一般应少于环境现状调查水质参数的数目

B．建设过程、生产运行、服务期满后各阶段拟预测水质参数彼此一定相同

C．建设过程、生产运行、服务期满后各阶段拟预测水质参数彼此不一定相同

D．一般情况，生产运行阶段比建设过程、服务期满后阶段拟预测水质参数的数目要多

E．建设项目实施过程各阶段拟预测的水质参数应根据工程分析和环境现状、评价等级、当地的环保要求筛选和确定

28．下列关于河流的简化要求，说法正确的是（　　）。

A．大、中河流预测河段的断面形状沿程变化较大时，可以分段考虑

B．小河可以简化为矩形平直河流

C．江心洲位于充分混合段，评价等级为一级时，可以按无江心洲对待

D．大、中河流断面上水深变化很大且评价等级为一级时，可以视为非矩形河流

E．河流水文特征或水质有急剧变化的河段，可在急剧变化之处分段，各段分别进行环境影响预测

29. 下列关于海湾简化的要求，说法正确的是（　　　）。

A. 潮流可以简化为平面二维恒定流场

B. 较大的海湾交换周期很长，可视为封闭海湾

C. 在注入海湾的河流中，小河及评价等级为三级的中河可视为点源，忽略其对海湾流场的影响

D. 在注入海湾的河流中，大河及评价等级为一、二级的中河应考虑其对海湾流场和水质的影响

30. 下列关于地面水污染源的简化要求，说法错误的是（　　　）。

A. 根据污染源的具体情况，排放形式可简化为点源、线源、面源，排放规律可简化为连续恒定排放和非连续恒定排放

B. 在地面水环境影响预测中，通常可以把排放规律简化为连续恒定排放

C. 无组织排放可以简化成面源；从多个间距很近的排放口排水时，可以简化为点源

D. 评价等级为三级时，海湾污染源简化与大湖（库）相同

31. 采用类比调查法进行地面水环境预测时，预测对象与类比调查对象之间应满足下列（　　　）要求。

A. 两者地面水环境的水力、水文条件和水质状况相同

B. 两者地面水环境的水力、水文条件和水质状况类似

C. 两者的投资额和工程性质基本相同

D. 两者的某种环境影响来源应具有相同的性质，其强度应比较接近可成比例关系

32. 河流水质预测完全混合模式的适用条件是（　　　）。

A. 河流为恒定流动　　　　　　B. 持久性污染物

C. 废水连续稳定排放　　　　　D. 河流混合过程段

E. 河流充分混合段

33. 河流水质预测一维稳态模式的适用条件是（　　　）。

A. 河流为恒定流动　　　　　　B. 非持久性污染物

C. 废水连续稳定排放　　　　　D. 河流充分混合段

E. 持久性污染

34. 河流水质预测二维稳态混合模式的适用条件是（　　　）。

A. 河流为恒定流动　　　B. 持久性污染物　　　C. 连续稳定排放

D. 平直、断面形状规则河流充分混合段

E. 平直、断面形状规则河流混合过程段

35. 河流水质预测 S-P 模式的适用条件是（　　　）。

A．河流充分混合段　　　　　　B．污染物连续稳定排放

C．持久性污染物　　　　　　　D．污染物为耗氧性有机污染物

E．河流为恒定流动

36．湖泊完全混合衰减模式的适用条件是（　　　）。

A．小湖（库）　　　　　　　　B．中湖

C．污染物连续稳定排放　　　　D．非持久性污染物

E．有风条件

37．湖泊推流衰减模式的适用条件是（　　　）。

A．小湖　　　　　　　　　　　B．大湖

C．污染物连续稳定排放　　　　D．非持久性污染物

E．无风条件

38．下列应布设地面水预测点的情况是（　　　）。

A．预测范围内

B．环境现状监测点

C．水文特征突然变化和水质突然变化处的上、下游

D．重要水工建筑物附近

E．水文站附近

39．下列关于地面水预测点的布设原则，说法正确的有（　　　）。

A．当拟预测溶解氧时，应预测最大亏氧点的位置及该点的浓度

B．某重要用水地点在预测范围外，估计有可能受到影响，也应设立预测点

C．预测点的数量和预测的布设应只根据评价等级以及当地的环保要求确定

D．环境现状监测点应作为预测点

E．排放口附近常有局部超标区，如有必要可在适当水域加密预测点

40．下列关于评价地面水环境影响的原则，说法正确的有（　　　）。

A．地面水环境影响的评价范围与影响预测范围不一定相同

B．所有预测点和所有预测的水质参数均应进行各生产阶段不同情况的环境影响评价，但应有重点

C．所有预测点在水文要素和水质急剧变化处、水域功能改变处、取水口附近等应作为重点

D．所有预测的水质参数，影响较重的水质参数应作为重点

E．多项水质参数综合评价的评价方法和评价的水质参数与环境现状综合评价不一定相同

41．所有预测点和所有预测的水质参数均应进行各生产阶段不同情况的环境影响评价，但应有重点，下列地点或水质参数（　　　）应为评价的重点。

　　A．水文要素和水质急剧变化处　　　　B．水域功能改变处

　　C．取水口附近　　　　　　　　　　　D．影响较重的水质参数

42．单项水质参数评价方法种类有（　　　）。

　　A．标准指数法　　　　　　　　　　　B．极值指数法

　　C．自净利用指数法　　　　　　　　　D．内梅罗指数法

43．下列关于评价地面水环境影响的基本资料要求，说法正确的有（　　　）。

　　A．水域功能一般应由环境影响评价单位据调查后确定

　　B．规划中几个建设项目在一定时期（如 5 年）内兴建并向同一地面水环境排
　　　　污时，应由政府有关部门规定各建设项目的排污总量

　　C．向已超标的水体排污时，应结合环境规划酌情处理或由环保部门事先规定
　　　　排污要求

　　D．规划中几个建设项目在一定时期（如 5 年）内兴建并向同一地面水环境排
　　　　污时，政府有关部门未规定各建设项目的允许利用水体自净能力的比例，
　　　　环评单位可以自行拟定认可

　　E．河道断流应由当地人民政府规定其水域功能，并据以选择标准，进行评价

44．在地面水环境影响评价工作等级划分中，（　　　）不计入污水排放量。

　　A．间接冷却水　　　　　　　　　　　B．循环水

　　C．含污染物极少的清净下水　　　　　D．含热量大的冷却水

45．地面水环境影响评价中，拟建项目实施过程各阶段拟预测的水质参数应根
据（　　　）进行筛选和确定。

　　A．工程分析　　　　　　　　　　　　B．环境现状

　　C．评价等级　　　　　　　　　　　　D．当地的环保要求

46．《环境影响评价技术导则—地面水环境》规定，根据污水排放量的大小确定
湖泊、水库以及海湾的环境现状调查范围。污水排放量划分的档次与范围有（　　　）。

　　A．>50 000 m³/d　　　　　　　　　　B．50 000～20 000 m³/d

　　C．20 000～10 000 m³/d　　　　　　　D．<4 000 m³/d

47．《环境影响评价技术导则—地面水环境》规定，确定河流环境现状调查范围
的主要依据包括（　　　）。

　　A．评价等级　　　　　　　　　　　　B．污染物排放可能达标的范围

　　C．污水排放量　　　　　　　　　　　D．河流的规模

48．环境现状调查中，感潮河口的水文调查和水文测量，除与河流相同的内容
外，还应调查和测量（　　　）。

　　A．横断面形状、水面坡度

　　B．感潮河段的范围

C. 涨潮、落潮及平潮的水位、水深、流向、流速等

D. 湖间隙、潮差和历时

49. 某建设项目位于我国北方某地，其地表水环境评价等级为二级。该地区每年 12 月至次年 2 月的平均气温为零下 15℃ 至零下 20℃。对其进行水环境影响预测时，如水体用途为（　　），则应预测冰封期时段的环境影响。

A. 生活饮用水　　　　　　　　　B. 食品工业用水

C. 电力工业用水　　　　　　　　D. 渔业用水

50. 当建设项目水环境影响评价为一级，且受纳水域的环境保护要求较高时，其水质调查选择常规水质参数和物征水质参数外，还应考虑调查（　　）。

A. 水生生物群落结构　　　　　　B. 底栖无脊椎动物种类和数量

C. 底质中有关的易积累污染物　　D. 浮游动植物

51. 依据《环境影响评价技术导则—地面水环境》，湖泊完全混合衰减模式适用条件包括（　　）。

A. 大湖　　　　　　　　　　　　B. 小湖

C. 持久性污染物　　　　　　　　D. 非持久性污染物

52. 依据《环境影响评价技术导则—地面水环境》，水质污染物分类类型有（　　）。

A. 持久性污染物　　　　　　　　B. 非持久性污染物

C. 放射性污染物　　　　　　　　D. 酸碱污染物

E. 热污染

53. 根据《环境影响评价技术导则—地面水环境》，关于水文调查与水文测量原则，说法正确的有（　　）。

A. 必须在枯水期进行与水质调查同步的水文测量

B. 水文测量的内容与拟采用的环境影响预测方法密切相关

C. 与水质调查同步进行的水文测量原则上只在一个时期内进行

D. 与水质调查同步进行的水文测量，其次数和天数应与水质调查的天数完全相同

54. 根据《环境影响评价技术导则—地面水环境》，关于预测水质参数筛选，说法正确的有（　　）。

A. 预测水质参数可少于环境现状调查水质参数

B. 建设过程、生产运行、服务期满后备阶段预测水质参数可不同

C. 生产运行阶段正常和不正常排放两种情况下预测水质参数可不同

D. 预测水质参数应根据工程分析、环境现状、评价等级筛选和确定

55. 根据《环境影响评价技术导则—地面水环境》，关于水质预测数学模式选用，

说法正确的有（　　）。

  A．弗一罗模式适用于预测各种河流混合过程段以内的断面平均水质

  B．河流充分混合段可以采用一维模式或零维模式预测断面平均水质

  C．二维解析模式只适用于矩形河流或水深变化不大的湖泊、水库中点源连续恒定排放

  D．稳态数值模式适用于非矩形河流，水深变化较大的浅水湖泊、水库形成的恒定水域内的连续恒定排放

参考答案

一、单项选择题

1．A　【解析】依据内陆水体评价分级判据，拟建项目地面水环境影响评价工作等级为一级。

2．C

3．A　【解析】这5个等级，我们记住第三个等级后，以5 000为一条分界线，往上级别的范围相应乘以2，往下级别相应乘以1/5。同时还要注意其单位是"m^3/d"，在实务操作中，往往不是给的"天"，很有可能是"年"，这时需转换。

4．B　5．A　6．B　7．C

8．A　【解析】此题比前面的题稍灵活点，在实务中往往也是这种情况。题目不管如何变，只要记准了，就可应万变。

9．A　【解析】注意这部分内容中的"≥10""<10"和"≥7""<7"的条件。往往很多人看书不注意细节，而考试往往就考你的看书认真程度。

10．C

11．D　【解析】大河、中河、小河的划分，只有"15 m^3/s"和"150 m^3/s"两个数。但要注意"大河"是"≥150 m^3/s"。

12．A

13．B　【解析】此题比前面两题稍灵活，接近实务操作的判断。

14．B　【解析】此题给出的数据刚好位于临界线上，注意判别。

15．D　16．D

17．B　【解析】此知识点有三个数须记住：一个是平均水深10 m，≥10 m是一种划分方式，<10 m是另一种划分方式；二是水面面积2.5 km^2，乘以10得出另一个分界点；三是水面面积5 km^2（2.5 km^2的倍数），乘以10又得出另一个分界点。同时有等号的都是大湖（库）。

18．B　【解析】该项目计划于两年后开始建设，有足够的时间调查，因此，需调查平水期和枯水期水质现状。

19．A　20．D　21．C

22．A　【解析】河流、河口、湖泊、水库的一级评价，若评价时间不够，至少应调查"平水期和枯水期"。

23．D　24．C　25．B　26．A　27．B　28．B　29．C　30．D

31．A　【解析】海湾的一、二、三级评价都应调查大潮期和小潮期。

32．C　33．D

34．C　【解析】生活污水的主要水质参数为：BOD_5、COD、pH、悬浮物、氨氮、磷酸盐、表面活性剂、水温、溶解氧。

35．A　36．B　37．A　38．D　39．C　40．D　41．A

42．A　【解析】从"多年平均流量为 13 m^3/s"可判断此河是小河。而小河在取样断面的主流线上设一条取样垂线。

43．D　44．C　45．D

46．A　【解析】垂线上取样水深的确定，要记住两个水深：0.5 m 和 0.3 m。

47．A　【解析】从"平水期平均流量为 180 m^3/s"可判断此河是大河。从"河宽 55 m"可判断属河宽大于 50 m 这类大中河，应设三条取样垂线。从"水深 7 m"可判断此河属水深大于 5 m 这类，"在一条垂线上，水深大于 5 m 时，在水面下 0.5 m 水深处及在距河底 0.5 m 处，各取样一个"，因此，应取 6 个水样。

48．B　【解析】从"平水期平均流量为 120 m^3/s"可判断此河是中河。从"河宽 60 m"可判断属河宽大于 50 m 这类大中河，应设三条取样垂线。从"水深 4 m"可判断此河属水深小于 5 m 这类，"在一条垂线上，水深为 1～5 m 时，只在水面下 0.5 m 处取一个样"，因此，应取 3 个水样。

49．C　【解析】从"多年平均流量为 150 m^3/s"可判断此河是大河。从"河宽 30 m"可判断属河宽小于 50 m 这类大中河，应设两条取样垂线。从"水深 6 m"可判断此河属水深大于 5 m 这类，"在一条垂线上，水深大于 5 m 时，在水面下 0.5 m 水深处及在距河底 0.5 m 处，各取样一个"，因此，应取 4 个水样。

50．D　【解析】从"多年平均流量为 100 m^3/s"可判断此河是中河。从"河宽 30 m"可判断属河宽小于 50 m 这类大中河，应设两条取样垂线。从"水深 4 m"可判断此河属水深小于 5 m 这类，"在一条垂线上，水深为 1～5 m 时，只在水面下 0.5 m 处取一个样"，因此，应取 2 个水样。

51．A　【解析】与前面的题目相比，多了评价的等级，以及"水样分析"，"一级评价：每个取样点的水样均应分析，不取混合样"。因此，答案还是 A。"二、三级评价：需要预测混合过程段水质的场合，每次应将该段内各取样断面中每条垂线上的水样混合成一个水样。其他情况每个取样断面每次只取一个混合水样，即在该断面上同各处所取的水样混匀成一个水样。"

52．D　【解析】二、三级评价水样的对待：需要预测混合过程段水质的场合，每次应将该段内各取样断面中每条垂线上的水样混合成一个水样。其他情况每个取样断面每次只取一个混合水样，即在该断面上各处所取的水样混匀成一个水样。

53．B

54．C　【解析】当平均水深大于等于 10 m 时，首先应找到斜温层，在水面下 0.5 m 及斜温层以下，距底 0.5 m 以上处各取一个水样。

55．D　56．D

57．D　【解析】此题跟湖泊和水库的要求是一样的。同时，取样水深的确定除一些特殊的情况外，各类水域在水面以下 0.5 m 或距底不小于 0.5 m。

58．B

59．A　【解析】对于这种情况，一级、二级、三级评级的取样间隔是一样的，都是 0.5～1.5 km²。

60．A　【解析】湖泊、水库取样位置的布设的数字较多，不容易记住，需多费点心思。

61．B　【解析】《环境影响评价技术导则》原文：对设有闸坝受人工控制的河流，其流动状况，在排洪时期为河流流动；用水时期，如用水量大则类似河流，用水量小时则类似狭长形水库。这种河流的取样断面、取样位置、取样点的布设以及水质调查的取样次数等可参考河流、水库部分的有关规定酌情处理。

62．C　【解析】环境现状已经超标的情况，可以采用标准指数法进行评价。

63．D　【解析】规划中几个建设项目在一定时期（如五年）内兴建并且向同一地面水环境排污的情况可以采用自净利用指数进行单项评价。

64．B　65．C

66．A　【解析】水体自净能力最小通常在枯水期，个别水域由于面源污染严重也可能在丰水期。水体自净能力一般时段通常在平水期。

67．C　68．B

69．D　【解析】大中河流中，预测河段弯曲较大（如其最大弯曲系数＞1.3）时，可视为弯曲河流，否则可以简化为平直河流。

70．B　【解析】河流的断面宽深比≥20 时，可视为矩形河流；河段最大弯曲系数＞1.3 时，可视为弯曲河流，否则可以简化为平直河流。

71．B　72．C　73．A　74．B

75．A　【解析】排入小湖（库）的所有排放口可以简化成一个，其位置假设在两排放口之间，其排放量为两者之和。

76. A　77. B　78. D　79. D　80. B　81. A　82. D

83. B　【解析】动态数值模式适用于各类恒定水域中的非连续恒定排放或非恒定水域中的各类排放。

84. C　【解析】大、中河流一、二级评价，且排放口下游 3~5 km 有集中取水点式或其他特别重要的环保目标时，均应采用二维模式预测混合过程段水质。

85. A　【解析】二维解析模式只适用于矩形河流或水深变化不大的湖泊、水库。

86. C　【解析】从"枯水期水库平均水深 8 m、水面面积 2 km^2"可判断该湖泊为小湖。化学需氧量为非持久性污染物。

87. D　【解析】此题在《环境影响评价技术导则—总纲》中出现过。在《环境影响评价技术导则—总纲》中是"掌握常用建设项目环境影响预测方法与特点"。

88. A　89. C　90. D　91. B　92. A　93. D　94. A　95. B　96. A

97. C　【解析】建设过程阶段是否预测视具体情况而定。

98. A

99. D　【解析】水土流失面源和堆积面源主要考虑一定时期内（如 1 年）全部降雨所产生的影响，也可以考虑一次降雨所产生的影响。一次降雨应根据当地的气象条件、降雨类型和环保要求选择。所选择的降雨应能反映产生面源的一般情况，通常其降雨频率不宜过小。

100. A　101. C　102. C　103. A　104. A

二、不定项选择题

1. BD　2. AC　3. ACD　4. D　5. ABC　6. BC　7. ABCE　8. ACD　9. ABCE　10. BD　11. CD　12. AD　13. ABCD　14. CD

15. BCDE　【解析】选项 A 是海湾水文调查与水文测量的内容。

16. ACDE　【解析】选项 B 是非点源调查的内容。

17. BCD　【解析】选项 A 是大气点源调查的内容。

18. BC　19. BCD

20. AC　【解析】受纳水域的环境保护要求较高是指自然保护区、饮用水源地、珍贵水生生物保护区、经济鱼类养殖区等水域。

21. ABCD　22. AD

23. ABC　【解析】建设项目地面水环境影响时期参见《环境影响评价技术导则—总纲》部分。注意"同时具备"这几个字。建设过程阶段对水环境的影响主要来自水土流失和堆积物的流失。

24. BDE

25．ABC　【解析】本标准中提出的环境影响预测方法大多未考虑污水排放的动量和浮力作用，这对绝大多数地面水环境影响预测中所遇到的排放特点、水流状态及预测范围来说是可行的。

26．ABCE　27．BD

28．ABDE　【解析】评价等级为三级时，江心洲、浅滩等均可按无江心洲、浅滩的情况对待；评价等级为二级时，江心洲位于充分混合段，可以按无江心洲对待；评价等级为一级且江心洲较大时，可以分段进行环境影响预测，江心洲较小时可不考虑。江心洲位于混合过程段，可分段进行环境影响预测。

29．BCD　【解析】选项 A 的正确说法是：潮流可以简化为平面二维非恒定流场。

30．AC　【解析】选项 A 的正确说法是：根据污染源的具体情况，排放形式可简化为点源、面源，排放规律可简化为连续恒定排放和非连续恒定排放。选项 C 的正确说法是：无组织排放可以简化成面源；从多个间距很近的排放口排水时，也可以简化为面源。

31．BD　32．ABCE　33．ABCD　34．ABCE　35．ABDE　36．ACD　37．BCDE
38．ABCDE

39．ABDE　【解析】预测点的数量和预测点的布设，应根据受纳水体和建设项目的特点、评价等级以及当地的环保要求确定。

40．BCD　【解析】选项 A 的正确说法是：地面水环境影响的评价范围与影响预测范围相同。选项 E 的正确说法是：多项水质参数综合评价的评价方法和评价的水质参数应与环境现状综合评价相同。

41．ABCD　42．AC

43．BC　【解析】《环境影响评价技术导则》原文：水利用状况（水域功能）是地面水环境影响评价的基础资料，一般应由环境保护部门规定。调查的目的是核对与补充这个规定，若还没有规定则应通过调查明确之，并报环境保护部门认可。选项 D 的原文是：规划中几个建设项目在一定时期（如 5 年）内兴建并向同一地面水环境排污时，应由政府有关部门规定各建设项目的排污总量或允许利用水体自净能力的比例（政府有关部门未作规定的可以自行拟定并报环保部门认可）。

选项 E 的正确说法是：河道断流应由环保部门规定其水域功能。

44．ABC　【解析】2005 年考题，选项来自导则原文。

45．ABCD　【解析】2005 年考题，选项来自导则原文。

46．ABC　【解析】2005 年考题，此题教材中找不到相关数据，但在导则原文有相关数据，选项 D 是没此数据的。

47．ABCD　【解析】2006 年考题。本题只考察了现状调查范围的部分依据。

48．ABCD 【解析】2006 年考题。本题选项来自导则原文。

49．ABD 【解析】2006 年考题。本题选项来自导则原文。

50．ABCD 【解析】2006 年考题。本题在教材中找不到答案，只能在导则原文找到答案。

51．BD 【解析】2009 年考题。答案较简单。

52．ABDE 【解析】2009 考题，答案来自导则原文。

53．ABC 【解析】2010 年考题，此题来自导则原文。与水质调查同步进行的水文测量，原则上只在一个时期内进行。它与水质调查的次数不要求完全相同，在能准确求得所需水文要素及环境水力学参数的前提下，尽量精简水文测量的次数和天数。

54．ABCD 【解析】2010 年考题，选项都来自导则原文。

55．BCD 【解析】2010 年考题。弗一罗模式为河流预测模式之一，适合于平直河流混合过程段。

第二节　相关水环境标准

一、单项选择题（每题的备选项中，只有一个最符合题意）

1．按照《地表水环境质量标准》，下列关于地表水水域环境功能类别表述正确的是（　　　）。

A．一般景观要求水域执行Ⅲ类地表水环境质量标准

B．一般工业用水区执行Ⅱ类地表水环境质量标准

C．鱼虾类产卵场执行Ⅰ类地表水环境质量标准

D．鱼虾类越冬场执行Ⅲ类地表水环境质量标准

2．根据《地表水环境质量标准》，适用于Ⅱ类水域环境功能的是（　　　）。

A．鱼类产卵场　　　　　　　　B．鱼类越冬场

C．水产养殖　　　　　　　　　D．鱼类洄游通道

3．与渤海水域相连的某地表水河口段水域环境功能为渔业水域和游泳区，该河口段应采用的水质现状评价标准是（　　　）。

A．地表水环境质量标准　　　　B．海水水质标准

C．渔业水质标准　　　　　　　D．景观娱乐用水水质标准

4．某水体具有水产养殖、娱乐用水和农业用水的功能，该水体应执行《地表水环境质量标准》的（　　　）。

A. Ⅰ类　　　　　B. Ⅱ类　　　　　C. Ⅲ类　　　　　D. Ⅴ类

5. 地表水环境质量评价应根据应实现的水域功能类别，选取相应类别标准，进行（　　），评价结果应说明水质达标情况，超标的应说明超标项目和超标倍数。

A. 因子加权评价　　　　　　　　B. 多因子评价

C. 单因子评价　　　　　　　　　D. 系统评价

6. 丰、平、枯水期特征明显的水域，应（　　）进行水质评价。

A. 对平、枯水期　　　　　　　　B. 对丰、平、枯水期

C. 对丰、平水期　　　　　　　　D. 对丰、枯水期

7. 集中式生活饮用水地表水源地水质评价的项目除包括基本项目、补充项目外，还应包括由（　　）选择确定的特定项目。

A. 县级以上人民政府环境保护行政主管部门

B. 县级以上人民政府水行政主管部门

C. 市级以上人民政府环境保护行政主管部门

D. 市级以上人民政府水行政主管部门

8. 根据《地表水环境质量标准》，Ⅱ类地表水水域总磷（以 P 计）的标准限值为（　　）mg/L。

A. ≤0.01（湖、库 0.005）　　　　B. ≤0.1（湖、库 0.025）

C. ≤0.2（湖、库 0.05）　　　　　D. ≤0.3（湖、库 0.1）

9. Ⅲ类地表水环境 pH 标准限值是（　　）。

A. 8　　　　　B. 5～10　　　　　C. 10　　　　　D. 6～9

10. Ⅰ类地表水环境溶解氧的标准限值是（　　）。

A. ≥9.5 mg/L　　B. ≥7.5 mg/L　　C. ≤9.5 mg/L　　D. ≤7.5 mg/L

11. Ⅲ类地表水环境 COD 的标准限值是（　　）。

A. ≤15 mg/L　　　B. ≤40 mg/L　　　C. ≤20 mg/L　　　D. ≤30 mg/L

12. 按《地表水环境质量标准》，对于Ⅲ类水体人为造成环境水温变化应限制在（　　）。

A. 月平均最大温升≤1℃，月平均最大温降≤2℃

B. 周平均最大温升≤2℃，周平均最大温降≤3℃

C. 周平均最大温升＜1℃，周平均最大温降＜2℃

D. 周平均最大温升≤1℃，周平均最大温降≤2℃

13. 在《地表水环境质量标准》中，COD 的最低标准限值是（　　）mg/L。

A. 15　　　　　B. 20　　　　　C. 10　　　　　D. 30

14. 《地表水环境质量标准》基本项目中化学需氧量的监测分析方法是（　　）。

A. 稀释与接种法　　　　　　　　B. 纳氏试剂比色法

C. 重铬酸盐法　　　　　　　　　D. 碘量法

15.《地表水环境质量标准》基本项目中五日生化需氧量的监测分析方法是（　　）。

　　A. 稀释与接种法　　　　　　　B. 纳氏试剂比色法

　　C. 重铬酸盐法　　　　　　　　D. 碘量法

16.《地表水环境质量标准》基本项目中 pH 的监测分析方法是（　　）。

　　A. 稀释与接种法　　　　　　　B. 电化学探头法

　　C. 重铬酸盐法　　　　　　　　D. 玻璃电极法

17. 某公司拟分别开采以下不同类型的地下水，其中适用《地下水质量标准》的是（　　）。

　　A. 地下热水　　B. 地下低硬度水　　C. 地下矿水　　D. 地下盐卤水

18.《地下水质量标准》适用于一般地下水，不适用于地下热水、（　　）、盐卤水。

　　A. 地下河水　　　B. 地下矿水　　　C. 地下湖水　　　D. 地下水库

19. 根据《地下水质量标准》，以人体健康基准值为依据确定的地下水质量类别的是（　　）类。

　　A. Ⅰ　　　　　B. Ⅱ　　　　　C. Ⅲ　　　　　D. Ⅳ

20. 依据我国地下水水质现状、人体健康基准值及地下水质量保护目标，地下水质量划分为（　　）。

　　A. 三类　　　　B. 四类　　　　C. 五类　　　　D. 六类

21. 某省监测部门计划对全省地下水水质进行监测，按照《地下水质量标准》，下述监测频次符合要求的是（　　）。

　　A. 每年丰水期、枯水期各监测一次

　　B. 每年丰水期、平水期各监测一次

　　C. 每年平水期、枯水期各监测一次

　　D. 每年监测两次，可以不考虑丰水期、平水期和枯水期

22. 根据《地下水质量标准》，以下可不作为地下水质常规监测项目的是（　　）。

　　A. 氨氮　　　　B. 氰化物　　　　C. 溶解氧　　　D. 大肠菌群

23. 各地地下水监测部门，应在不同质量类别的地下水域设立监测点进行水质监测，监测频率不得少于每年（　　）。

　　A. 一次（枯水期）　　　　　　B. 二次（平、枯水期）

　　C. 三次（丰、平、枯水期）　　D. 二次（丰、枯水期）

24. 某项目所在区域地下水中氟化物监测浓度为 0.9 mg/L，按照地下水质量单项组分评价，该地下水质量单项组分评价，该地下水现状水质应为（　　）类。（注：

氟化物地下水质标准：Ⅰ类≤1.0，Ⅱ类≤1.0，Ⅲ类≤1.0，Ⅳ类≤2.0。单位 mg/L。）

    A．Ⅰ   B．Ⅱ   C．Ⅲ   D．Ⅳ

25．地下水质量单组分评价，按《地下水质量标准》所列分类指标，划分为五类，代号与类别代号相同，不同类别标准值相同时，（   ）。

    A．从劣不从优   B．从优不从劣

    C．任何一个都可   D．用插入法确定

26．某地下水的细菌总数Ⅰ类、Ⅱ类、Ⅲ类标准值均为≤100 个/mL，若水质分析结果为 100 个/mL，应定为（   ）。

    A．Ⅰ类   B．Ⅱ类   C．Ⅲ类   D．Ⅳ类

27．污水集中排放形成的海水混合区，不得影响邻近功能区的水质和（   ）。

    A．水生生物洄游通道   B．鱼虾类的越冬场

    C．虾类洄游通道   D．鱼类洄游通道

28．以下污水适用《污水综合排放标准》的是（   ）。

    A．造纸厂污水   B．染整厂污水

    C．磷肥厂污水   D．炼油厂污水

29．《污水综合排放标准》中规定：排入设置二级污水处理厂的城镇排水系统的污水，执行（   ）标准。

    A．一级   B．二级   C．三级   D．四级

30．《污水综合排放标准》中规定：排入鱼虾类越冬场水域的污水，应执行（   ）标准。

    A．一级   B．二级   C．三级   D．四级

31．《污水综合排放标准》中规定：排入人体直接接触海水的海上运动或娱乐区的污水，应执行（   ）标准。

    A．一级   B．二级   C．三级   D．四级

32．《污水综合排放标准》中规定：排入滨海风景旅游区的污水，应执行（   ）标准。

    A．一级   B．二级   C．三级   D．四级

33．《污水综合排放标准》中规定：排入一般景观要求水域的污水，应执行（   ）标准。

    A．一级   B．二级   C．三级   D．四级

34．GB 3838—2002 中Ⅰ、Ⅱ类水域和Ⅲ类水域中划定的保护区，GB 3097 中一类海域，禁止（   ）排污口，现有排污口应按水体功能要求，实行污染物总量控制。

    A．新建、扩建、改建   B．新建、扩建

C. 扩建、改建　　　　　　　　　　D. 新建

35. GB 3838—2002 中 Ⅰ、Ⅱ类水域和Ⅲ类水域中划定的保护区，GB 3097 中一类海域，禁止新建排污口，现有排污口应按水体功能要求，实行（　　）。

　　A. 限期关闭　　　　　　　　　　B. 限期治理

　　C. 污染物总量控制　　　　　　　D. 限期整治

36.《污水综合排放标准》中规定：新建排污口，排入集中式生活饮用水地表水源地二级保护区的污水，应执行（　　）标准。

　　A. 一级　　　　B. 二级　　　　C. 三级　　　　D. 以上都不是

37.《污水综合排放标准》中规定：新建排污口，排入海洋渔业水域的污水，应执行（　　）标准。

　　A. 一级　　　　B. 二级　　　　C. 三级　　　　D. 以上都不是

38. 按照《污水综合排放标准》，为判定下列污染物是否达标，可在排污单位总排放口采样的是（　　）。

　　A. 苯并[a]芘　　B. 六价铬　　　C. 总铜　　　　D. 总镉

39. 根据《污水综合排放标准》，以下允许在排污单位排放口采样的污染物是（　　）。

　　A. 总汞　　　　　B. 总铜　　　　C. 总镍　　　　D. 总银

40. 根据《污水综合排放标准》，总汞的最高允许排放浓度限值是（　　）mg/L。

　　A. 0.005　　　　B. 0.05　　　　C. 0.1　　　　D. 0.5

41. 同一排放口排放两种或两种以上不同类别的污水，且每种污水的排放标准又不同时，其混合污水的排放标准按（　　）计算。

　　A. 第一类污染物　　　　　　　　B. 第二类污染物

　　C. 第三类污染物　　　　　　　　D. $c_{混合} = \dfrac{\sum\limits_{i=1}^{n} c_i Q_i Y_i}{\sum\limits_{i=1}^{n} Q_i Y_i}$

42. 对于污水第一类污染物，一律在（　　）排放口采样。

　　A. 车间　　　　　　　　　　　　B. 车间处理设施

　　C. 车间或车间处理设施　　　　　D. 排污单位

43. 对于污水第二类污染物，在（　　）排放口采样，其最高允许排放浓度必须达到本标准要求。

　　A. 车间　　　　　　　　　　　　B. 车间处理设施

　　C. 车间或车间处理设施　　　　　D. 排污单位

44. 工业污水按（　　）确定监测频率。

A．生产周期　　　　　　　　　　B．实际工作日

C．自然工作日　　　　　　　　　D．监测单位要求

45．工业污水按生产周期确定监测频率，生产周期在 8 h 以内的，每（　　）采样一次。

A．1 h　　　　B．2 h　　　C．4 h　　　D．3 h

46．工业污水按生产周期确定监测频率，生产周期大于 8 h 的，每（　　）采样一次。

A．1 h　　　　B．2 h　　　C．4 h　　　D．3 h

47．工业污水按生产周期确定监测频率，监测的最高允许排放浓度按（　　）计算。

A．日均值　　　B．小时均值　　　C．月均值　　　D．年均值

48．《污水综合排放标准》对建设（包括改、扩建）单位的建设时间，以（　　）为准划分。

A．施工开始时间　　　　　　　B．生产开始时间

C．可行性报告批准日期　　　　D．环境影响评价报告书（表）批准日期

49．污水排放企业排放的总汞最高允许排放浓度是（　　）mg/L。

A．0.50　　　B．0.10　　　C．0.05　　　D．1.5

50．污水排放企业排放的六价铬最高允许排放浓度是（　　）mg/L。

A．0.50　　　B．1.0　　　C．0.05　　　D．1.5

51．污水排放企业排放的总铬最高允许排放浓度是（　　）mg/L。

A．0.50　　　B．1.0　　　C．0.05　　　D．1.5

52．下列（　　）水体污染物属第一类污染物。

A．总汞、总镉、总砷、总铅、总镍、总锌

B．总镉、总铬、六价铬、总 α 放射性、总银

C．总汞、总锰、总银、苯并[a]芘、总铍

D．总 β 放射性、烷基汞、总铜、COD、甲醛

53．《地表水环境质量标准》规定，一类水域功能区溶解氧的标准限值是（　　）。

A．≥6　　　B．≥5　　　C．≥7.5　　　D．≥3

54．《地表水环境质量标准》中规定，化学需氧量的监测分析方法是（　　）。

A．电化学探头法　　　　　　　B．重铬酸盐法

C．紫外线分光光度计　　　　　D．稀释与接种法

55．若同一水域兼有多类使用功能，则该水域执行的地表水环境质量标准基本项目标准值应为（　　）。

A．最高功能类别对应的标准值　　B．最低功能类别对应的标准值

　C. 任意功能类别的标准值　　　D. 最高、最低功能类别标准值的平均值

56. 用作集中式生活饮用水水源的地下水，其水质按《地下水水质标准》（　　）类执行。

　A. Ⅰ　　　　　B. Ⅱ　　　　　C. Ⅲ　　　　　D. Ⅳ

57.《地下水水质标准》中的地下水质量分类，主要以人体健康基准值为依据的是（　　）类。

　A. Ⅰ　　　　　B. Ⅱ　　　　　C. Ⅲ　　　　　D. Ⅳ

58.《海水水质标准》按照海域（　　　）对海水水质进行分类。

　A. 地理位置　　　　　　　　　B. 水环境质量现状

　C. 海岸岸形态与海水平均深度　　D. 不同使用功能和保护目标

59. 下列各海域功能区中，执行《海水水质标准》第三类的区域是（　　　）。

　A. 海洋开发作业　　　　　　　B. 与人类食用直接有关的工业用水区

　C. 一般工业用水区　　　　　　D. 海洋港口水域

60. 按《污水综合排放标准》规定，排入海水水质标准为（　　）类海域的污水，执行一级标准。

　A. 一　　　　　B. 二　　　　　C. 三　　　　　D. 四

61.《污水综合排放标准》按建设单位的建设时间规定了执行第一类和第二类污染物各自的排放标准值。其建设时间以（　　）为准划分。

　A. 环评大纲批准日期　　　　　B. 环境影响报告书（表）批准日期

　C. 建设项目竣工日期　　　　　D. 建设项目投产日期

62.《污水综合排放标准》中的第一类污染物不分行业和污水排放方式，也不分受纳水体的功能类别，一律在（　　）采样。

　A. 综合污水处理厂出口　　　　B. 接纳该污水的城市污水处理厂出口

　C. 车间或车间处理设施排放口　　D. 综合污水处理厂入口

63. 下列行业中不执行《污水综合排放标准》的是（　　）。

　A. 食品加工业　　　　　　　　B. 炼油工业

　C. 烧碱、聚氯乙烯工业　　　　D. 机械制造业

64. 依据《地下水质量标准》的规定，Ⅰ类地下水主要反映的是（　　）。

　A. 地下水化学组分的天然背景含量　　B. 人体健康基准现状值

　C. 农业和工业用水要求现状值　　D. 地下水化学组分的天然低背景含量

65.《地表水环境质量标准》中规定，在各类水域功能中，由人为造成的环境水温变化应限制在（　　）。

　A. 周平均最大温升≤1℃，周平均最大温降≤2℃

　B. 周平均最大温升≤2℃，周平均最大温降≤2℃

　　C．周平均最大温升≤3℃，周平均最大温降≤3℃

　　D．周平均最大温升≤2℃，周平均最大温降≤1℃

66．《地表水环境质量标准》基本项目中常规项目的化学需氧量的最低检出限是（　　）mg/L。

　　A．2　　　　　　　B．10　　　　　　　C．1　　　　　　　D．5

67．《地下水质量标准》将地下水质量划分为（　　）。

　　A．二类　　　　　B．三类　　　　　　C．四类　　　　　D．五类

68．按照《地下水质量标准》当不同类别标准值相同时，进行地下水质量单项组分评价应遵循的原则是（　　）。

　　A．从劣不从优　　　　　　　　　B．从优不从劣

　　C．可任选其中一类　　　　　　　D．均按…类

69．根据《地下水质量标准》，地下水质监测频率每年不得少于（　　）。

　　A．一次（平水期）　　　　　　　B．二次（丰、枯水期）

　　C．三次（丰、平、枯水期）　　　D．四次（每季一次）

70．按照《海水水质标准》，划定为一般工业用水区的海域采用的海水水质标准为第（　　）类。

　　A．一　　　　　　B．二　　　　　　　C．三　　　　　　D．四

71．按照《污水综合排放标准》，排放的污染物中属于第一类污染物的是（　　）。

　　A．总铜　　　　　B．总锰　　　　　　C．总铍　　　　　D．总氰化合物

72．按照《污水综合排放标准》，排放的污染物按其性质及控制方式分为（　　）。

　　A．二类　　　　　B．三类　　　　　　C．四类　　　　　D．五类

73．在集中式生活饮用水地表水源地二级保护区内，关于排污口的建设，下列表述正确的是（　　）。

　　A．禁止新建排污口

　　B．已在保护区内的企业可新建排污口

　　C．能够达标排放的废水可新建排污口

　　D．经当地政府批准后可新建排污口

74．根据《污水综合排放标准》，排入一般工业用水及人体非直接接触的娱乐用水区水域的污水，执行（　　）标准。

　　A．一级　　　　　B．二级　　　　　　C．三级　　　　　D．四级

75．按照《污水综合排放标准》，排入农业用水区及一般景观要求水域的污水，执行（　　）标准。

　　A．一级　　　　　B．二级　　　　　　C．三级　　　　　D．四级

76．按照《污水综合排放标准》，下列污染物中，必须在车间或车间处理设施排

放口采样监测的是（　　）。

　　A．甲醛　　　　　　苯并[a]芘　　　　B．C．总硒　　　D．对硫磷

77．按照我国环境标准管理的相关规定，下列行业中，执行《污水综合排放标准》的是（　　）。

　　A．造纸工业　　　　　　　　　　B．肉类加工工业

　　C．船舶工业　　　　　　　　　　D．水泥工业

78．根据《污水综合排放标准》，生产周期在 8 h 以内的，工业污水采样频率为（　　）。

　　A．每 0.5 h 采样一次　　　　　　B．每 1 h 采样一次

　　C．每 2 h 采样一次　　　　　　　D．每 4 h 采样一次

79．执行《污水综合排放标准》时，建设（包括改、扩建）项目的建设时间，以（　　）。

　　A．开工日期　　　　　　　　　　B．竣工验收日期

　　C．投产运行日期　　　　　　　　D．环境影响报告书（表）批准日期

80．按《污水综合排放标准》规定，六价铬的最高允许排放浓度为（　　）mg/L。

　　A．0.05　　　　　　　　　　　　B．0.1

　　C．0.5　　　　　　　　　　　　　D．1.0

81．以下废水排放应执行《污水综合排放标准》的是（　　）。

　　A．煤制甲醇气化炉废水　　　　　B．烧碱废水

　　C．合成氨工艺废水　　　　　　　D．码头船舶废水

82．《地表水环境质量标准》的适用范围包括（　　）。

　　A．近岸海域　　　　　　　　　　B．处理后的城市污水

　　C．一般景观要求水域　　　　　　D．经批准划定的单一渔业水域

83．《地表水环境质量标准》规定的Ⅲ类水质总磷的限值是（　　）mg/L。

　　A．0.1（湖、库、0.0025）　　　　B．0.2（湖、库、0.05）

　　C．0.3（湖、库、0.01）　　　　　D．0.4（湖、库、0.2）

84．依据《地下水质量标准》，已知某污染物Ⅰ、Ⅱ、Ⅲ、Ⅳ类标准值分别为 0.001 mg/L、0.001 mg/L、0.002 mg/L 和 0.01 mg/L，某处地下水该污染物分析测试结果为 0.001 mg/L，采用单项组分评价，该处地下水质量应为（　　）类。

　　A．Ⅰ　　　　　B．Ⅱ　　　　　C．Ⅲ　　　　　D．Ⅳ

85．依据《海水水质标准》，以下应执行第二类海水水质标准的海域是（　　）。

　　A．水产养殖区　　　　　　　　　B．海洋渔业水域

　　C．滨海风景旅游区　　　　　　　D．海洋开发作业区

86．以下企业污水排放适用《污水综合排放标准》的是（　　）。

A．羽绒企业　　　　　　　　B．黄磷企业

C．煤炭企业　　　　　　　　D．啤酒企业

87.某企业同一排污口排放两种工业污水，每种工业污水中同一污染物的排放标准限值不同，依据《污水综合排放标准》，该排放口污染物最高允许排放浓度应为（　　）。

A．各排放标准限值的上限　　B．各排放标准限值的下限

C．各排放标准限值的算术平均值　D．按规定公式计算确定的浓度值

88．某企业涉及第一类水污染物的车间生产周期是 4 h，依据《污水综合排放标准》，该企业含第一类污染物的污水采样点和采样频率分别是（　　）。

A．企业排放口，每 2 h 采样一次　B．车间排放口，每 2 h 采样一次

C．企业排放口，每 4 h 采样一次　D．车间排放口，每 4 h 采样一次

89．根据《地表水环境质量标准》，与近海水域相连的河口水域、集中式生活饮用水地表水源地、经批准划定的单一渔业水域各自对应执行的标准是（　　）.

A．《海水水质标准》、《生活饮用水卫生标准》、《地表水环境质量标准》

B．《海水水质标准》、《地表水环境质量标准》、《地表水环境质量标准》

C．《地表水环境质量标准》、《生活饮用水卫生标准》、《渔业水质标准》

D．《地表水环境质量标准》、《地表水环境质量标准》、《渔业水质标准》

90．根据《地表水环境质量标准》，某水域同时具有鱼类养殖区、越冬场、洄游通道功能，该水域应执行的标准类别是（　　）类。

A．Ⅰ　　　　B．Ⅱ　　　　C．Ⅲ　　　　D．Ⅳ

91．根据《地下水质量标准》，地下水监测部门进行地下水水质监测的最低频次要求是（　　）。

A．每年仅枯水期监测一次　　B．每年仅丰水期监测一次

C．每年枯、丰水期各监测一次　D．每年枯、平水期各监测一次

92．某沿海港口建设项目环境影响评价范围内有海水浴场、滨海风景旅游区及海洋开发作业区。根据《海水水质标准》，该项目环境影响评价应选取相对应的海水水质评价标准为第（　　）类。

A．二、三、三　　　　　　　B．二、二、四

C．一、二、三　　　　　　　D．二、三、四

93．下列建设项目污水排放适用《污水综合排放标准》的是（　　）。

A．铸造厂　　　　　　　　　B．电镀厂

C．三级甲等医院　　　　　　D．城镇生活污水处理厂

94．某饮料厂污水经市政污水处理厂一级强化处理后排入三类海域。根据《污水综合排放标准》，该饮料厂污水排放应执行（　　）。

  A．禁排   B．一级排放标准

  C．二级排放标准   D．三级排放标准

  95．根据《污水综合排放标准》，下列污染物应在车间或车间处理设施排放口采样监测的是（   ）。

  A．总铜   B．总锌   C．总银   D．总氰化物

二、不定项选择题（每题的备选项中至少有一个符合题意）

1．确定《地表水环境质量标准》基本项目标准限值的依据有（   ）。

  A．水域环境功能   B．水文参数

  C．环境容量   D．保护目标

2．《地表水环境质量标准》将标准项目分为（   ）。

  A．具有特定功能的水域项目   B．集中式生活饮用水地表水源地补充项目

  C．地表水环境质量标准基本项目 D．集中式生活饮用水地表水源地特定项目

3．下列水域的水质质量标准不适用《地表水环境质量标准》的是（   ）。

  A．渔业水   B．江河   C．海水   D．农田灌溉水   E．水库

4．Ⅰ类地表水水域主要适用于（   ）。

  A．源头水

  B．集中式生活饮用水地表水源地一级保护区

  C．国家级自然保护区

  D．珍稀水生生物栖息地

5．下列地表水水域环境功能属Ⅲ类的是（   ）。

  A．鱼虾类越冬场   B．洄游通道

  C．仔稚幼鱼的索饵场   D．水产养殖区

  E．鱼虾类产卵场

6．下列地表水水域环境功能属Ⅳ类的是（   ）。

  A．一般景观要求水域   B．非直接接触的娱乐用水区

  C．一般工业用水区   D．水产养殖区

  E．农业用水区

7．下列属于地表水水域环境功能Ⅱ类的是（   ）。

  A．源头水   B．集中式生活饮用水地表水源地二级保护区

  C．仔稚幼鱼的索饵场   D．集中式生活饮用水地表水源地一级保护区

  E．珍稀水生生物栖息地

8．按照《地表水环境质量标准》中规定，溶解氧的分析方法有（   ）。

  A．碘量法   B．玻璃电极法

C．重铬酸盐法　　　　　　　　　　D．电化学探头法

9．《地表水环境质量标准》基本项目中溶解氧的监测分析方法是（　　　）。

A．稀释与接种法　　　　　　　　　B．电化学探头法

C．重铬酸盐法　　　　　　　　　　D．碘量法

10．《地表水环境质量标准》基本项目中氨氮的监测分析方法是（　　　）。

A．纳氏试剂比色法　　　　　　　　B．电化学探头法

C．重铬酸盐法　　　　　　　　　　D．水杨酸分光光度法

11．《地下水质量标准》适用于一般地下水，不适用于（　　　）。

A．地下河水　　　　B．矿水　　　　C．地下热水　　　　D．盐卤水

12．《地下水质量标准》是依据（　　　），并参照了生活饮用水、工业、农业用水水质最高要求，将地下水质量划分为五类。

A．地下水的使用功能　　　　　　　B．我国地下水水质现状

C．人体健康基准值　　　　　　　　D．地下水质量保护目标

13．根据《地下水质量标准》，以下不能直接用作生活饮用水水源的地下水类别有（　　　）类。

A．Ⅰ　　　　B．Ⅱ　　　　C．Ⅲ　　　　D．Ⅳ　　　　E．Ⅴ

14．适用于各种用途的地下水质量类别是（　　　）。

A．Ⅰ类　　　　B．Ⅱ类　　　　C．Ⅲ类　　　　D．Ⅳ类

15．Ⅲ类地下水以人体健康基准值为依据，主要适用于（　　　）。

A．工业用水　　　　　　　　　　　B．各种用途

C．集中式生活饮用水水源　　　　　D．农业用水

16．为防止地下水污染和过量开采、人工回灌等引起的地下水质量恶化，保护地下水水源，必须按（　　　）和有关规定执行。

A．《中华人民共和国海洋保护法》　B．《中华人民共和国地下水法》

C．《中华人民共和国水法》　　　　D．《中华人民共和国水污染防治法》

17．根据《海水水质标准》，海水水质分类依据有（　　　）。

A．海域的深度　　　　　　　　　　B．海域的面积

C．海域的使用功能　　　　　　　　D．海域的保护目标

18．第二类海水水质的海水适用于（　　　）。

A．水产养殖区　　　　　B．人体直接接触海水的海上运动或娱乐区

C．滨海风景旅游区　　　D．与人类食用直接有关的工业用水区

E．海水浴场

19．第三类海水水质的海水适用于（　　　）。

A．海洋港口水域　　　　B．一般工业用水区

C. 滨海风景旅游区　　　　　D. 与人类食用直接有关的工业用水区

E. 海水浴场

20. 根据《海水水质标准》，污水集中排放形成的混合区，不得影响邻近海域功能区的（　　　）。

A. 海水水质　　　　　　　　　　B. 浮游生物

C. 海域底质结构　　　　　　　　D. 鱼类洄游通道

21. 下列行业的水污染物排放不适用《污水综合排放标准》的是（　　　）。

A. 造纸工业　　　　B. 啤酒工业　　　　C. 医疗机构

D. 餐饮业　　　　　E. 烧碱工业

22. 下列行业的水污染物排放适用《污水综合排放标准》的是（　　　）。

A. 水产品加工　　　　B. 兵器工业　　　　C. 制糖业

D. 公路交通　　　　　E. 肉类加工

23. 下列行业的水污染物排放不适用《污水综合排放标准》的是（　　　）。

A. 纺织染整工业　　　　B. 船舶　　　　C. 钢铁工业

D. 合成氨工业　　　　　E. 磷肥工业

24. 对《污水综合排放标准》的第一类污染物，（　　　）一律在车间或车间处理设施排放口采样，其最高允许排放浓度必须达到《污水综合排放标准》要求。

A. 不分性质　　　　　　　　　　B. 不分行业

C. 不分受纳水体的功能类别　　　D. 不分污水排放方式

25. 污染物按性质及控制方式分为（　　　）。

A. Ⅰ类污染物　　　　　　　　　B. 第一类污染物

C. 第二类污染物　　　　　　　　D. Ⅱ类污染物

26. 据《污水综合排放标准》，1997 年 12 月 31 日之前建设（包括改、扩建）的单位，水污染物的排放必须同时执行（　　　）。

A. 第一类污染物最高允许排放浓度

B. 第二类污染物最高允许排放浓度（1997 年 12 月 31 日之前建设的单位）

C. 部分行业最高允许排水量（1997 年 12 月 31 日之前建设的单位）的规定

D. 第二类污染物最高允许排放浓度（1998 年 1 月 1 日后建设的单位）

27. 据《污水综合排放标准》，1998 年 1 月 1 日起建设（包括改、扩建）的单位，水污染物的排放必须同时执行（　　　）。

A. 第一类污染物最高允许排放浓度

B. 第二类污染物最高允许排放浓度（1997 年 12 月 31 日之前建设的单位）

C. 部分行业最高允许排水量（1998 年 1 月 1 日之后建设的单位）的规定

D. 第二类污染物最高允许排放浓度（1998 年 1 月 1 日后建设的单位）

28.《地表水环境质量标准》中规定,地表水水域环境二类功能区适用于(　　)。

　A．生活饮用水地表水源地一级保护区

　B．生活饮用水地表水源地二级保护区

　C．仔稚幼鱼的索饵场

　D．一般工业用水区

29．地下水质量标准不适用于(　　)。

　A．地下热水　　　B．矿水　　　　　C．一般地下水　　　D．盐卤水

30．下列各区域中,执行海水水质标准第二类的区域是(　　)。

　A．海滨风景旅游区

　B．海水浴场

　C．海水水质标准GB3097中的二类海域

　D．海水水质标准GB3097中的三类海域

31.《地表水环境质量标准》规定的内容有(　　)。

　A．水环境质量控制的项目及限值　　　B．水域环境功能区的保护要求

　C．水质项目的分析方法　　　　　　　D．标准的实施与监督

32.依据《污水综合排放标准》,以下水域禁止新建排污口的有(　　)。

　A．第三类功能区海域　　　　　　B．第四类功能区海域

　C．Ⅱ类地表水功能区水域

　D．未划定水源保护区的Ⅲ类地表水功能区水域

33.《污水综合排放标准》规定的第一类污染物有(　　)。

　A．总铜　　　　　　B．总锰　　　　　C．总镉　　　　　　D．总铅

34．根据《地下水质量标准》,关于地下水评价,说法正确的有(　　)。

　A．评价结果应说明水质达标情况

　B．地下水质量评价分类指标划分为五类

　C．单项组分评价,不同类别标准值相同时,从劣不从优

　D．使用两次以上的水质分析资料进行评价时,可分别进行地下水质量评价

35．根据《污水综合排放标准》,下列水体中,禁止新建排污口的有(　　)。

　A．GB 3838中Ⅱ类水域　　　　　　B．GB 3097中一类海域

　C．GB 3838中3类水域　　　　　　D．GB 3097中三类海域

参考答案

一、单项选择题

1. D 【解析】2007年考题。这类题具有不定项选择题的功能。注意：鱼虾类产卵场、仔稚幼鱼的索饵场、鱼虾类越冬场、鱼虾类洄游通道、水产养殖区等与鱼有关的应执行的标准。

2. A 3. A

4. C 【解析】同一水域兼有多类使用功能的，执行最高功能类别对应的标准值。本题应执行水产养殖区水域的标准值。

5. C 6. B 7. A 8. B

9. D 【解析】Ⅰ类至Ⅴ类pH标准限值相同。

10. B

11. C 【解析】这个考点的内容实在太多，能出的题目很多，各位考生能记多少算多少吧。

12. D 【解析】无论是哪类水体，水温的标准限值是一样的。注意：pH也具相同性质，6～9。

13. A 【解析】在五类标准中，最低标准限值是Ⅰ类标准和Ⅱ类标准。

14. C 15. A 16. D 17. B 18. B 19. C 20. C 21. A

22. A 【解析】此题有点偏，但可以用排除法进行推理。

23. D 24. A 25. B 26. A 27. D

28. D 【解析】其他选项都有相应的行业排放标准。

29. C

30. A 【解析】排入GB 3838—2002Ⅲ类水域（划定的保护区和游泳区除外）和排入GB 3097中二类海域的污水，执行一级标准。Ⅲ类水域主要适用于集中式生活饮用水地表水源地二级保护区、鱼虾类越冬场、洄游通道、水产养殖区等渔业水域及游泳区。

31. A 【解析】GB 3097中二类海域适用于水产养殖区、海水浴场、人体直接接触海水的海上运动或娱乐区，以及与人类食用直接有关的工业用水区。

32. B 【解析】GB 3097中三类海域适用于一般工业用水区、滨海风景旅游区。排入GB 3838—2002中Ⅳ、Ⅴ类水域和排入GB 3097中三类海域的污水，执行二级标准。

33. B　【解析】排入 GB 3838—2002 中Ⅳ、Ⅴ类水域和排入 GB 3097 中三类海域的污水，执行二级标准。GB 3838—2002 中Ⅳ、Ⅴ类水域分别指一般工业用水区及人体非直接接触的娱乐用水区和农业用水区及一般景观要求水域。

34. D　35. C

36. D　【解析】GB 3838—2002 中Ⅰ、Ⅱ类水域和Ⅲ类水域中划定的保护区，GB 3097 中一类海域，禁止新建排污口，现有排污口应按水体功能要求，实行污染物总量控制，以保证受纳水体水质符合规定用途的水质标准。集中式生活饮用水地表水源地二级保护区属Ⅲ类水域中划定的保护区。

37. D　【解析】GB 3838—2002 中Ⅰ、Ⅱ类水域和Ⅲ类水域中划定的保护区，GB 3097 中一类海域，禁止新建排污口，现有排污口应按水体功能要求，实行污染物总量控制，以保证受纳水体水质符合规定用途的水质标准。GB 3097 中一类海域适用于海洋渔业水域、海上自然保护区和珍稀濒危海洋生物保护区。

38. C　【解析】选项 A、C、D 为第一类污染物，只能在车间或车间处理设施排放口采样。

39. B　40. B　41. D

42. C　【解析】在 2005 年的案例必做题中考过此题。大概的意思是：给出一幅某个企业很多排污口的平面图，告诉污染物的类型，请你判断在哪些位置采样。

43. D　44. A　45. B　46. C　47. A　48. D

49. C　【解析】因第一类污染物有 13 种，本书不再针对每种污染物出一个题目。

50. A　51. D

52. B　【解析】总锌、总锰、总铜、COD、甲醛都属第二类污染物。

53. C　54. B　55. A　56. C　57. C　58. D　59. C　60. B　61. B　62. C

63. C　【解析】2005 年考题。本题主要考察行业标准和综合排放标准不交叉执行的原则。烧碱、聚氯乙烯工业有行业标准。

64. D　65. A　66. B　67. D　68. B　69. B　70. C　71. C

72. A【解析】2006 年考题。污染物按性质及控制方式分为第一类污染物和第二类污染物。

73. A　【解析】2006 年考题。集中式生活饮用水地表水源地二级保护区内执行《地表水环境质量标准》Ⅲ类标准。《地表水环境质量标准》的Ⅰ、Ⅱ类和Ⅲ类水域中划定的保护区内，禁止新建排污口。

74. B　【解析】2006 年考题。一般工业用水及人体非直接接触的娱乐用水执行《地表水环境质量标准》Ⅳ类标准，排入Ⅳ、Ⅴ类水域的执行二级标准。

75. B　　【解析】2006 年考题。农业用水区及一般景观要求水域执行《地表水环境质量标准》Ⅴ类标准，排入Ⅳ、Ⅴ类水域的执行二级标准。

76. B　【解析】2006 年考题。高频考点！对于第一类污染物，一律在车间或车间处理设施排放口采样。

77. B

78. C　【解析】2006 年考题。本题考查工业污水采样监测频率要求。

79. D　【解析】2006 年考题，2005 年考过些题。

80. C　【解析】2006 年考题，考得有点细。

81. A　【解析】2009 年考题，高频考点！

82. C

83. B　【解析】2009 年考题，考得有点细。

84. A　【解析】2009 年考题。本题主要考查地下水质量单组分评价的方法和原则："从优不从劣"。

85. A　【解析】2009 年考题，高频考点。

86. B　【解析】2009 年考题。高频考点，其余选项均有行业标准。

87. D　【解析】2009 年考题。同一排污口排放两种和两种以上不同类别的污水，且每种污水的排放标准又不同时，其混合污水的排放标准按规定的公式计算后确定。

88. B　【解析】2009 年考题。高频考点！本题考察了第一类污染物的污水采样口和采样频率。

89. D　【解析】2010 年考题。与近海水域相连的河口水域根据水环境功能按《地表水环境质量标准》进行管理。

90. C　【解析】2010 年考题。某水域同时具有多类使用功能的，执行最高功能类别对应的标准值。

91. C　【解析】2010 年考题。高频考点！

92. D　【解析】2010 年考题。此题考查的范围较广，只有把海水水质的分类全部记住了，才能完整无误地把此题答对。

93. A　【解析】2010 年考题。其他三个选项都有行业标准。

94. C　【解析】2010 年考题。由于该饮料厂污水经市政污水处理厂一级强化处理，不是二级处理，不能执行三级排放标准。

95. C　【解析】2010 年考题。高频考点！

二、不定项选择题

1. AD　2. BCD

3. ACD　【解析】A、C、D 选项分别按《渔业水质标准》、《海水水质标准》、《农田灌溉水质标准》管理。

本标准适用于中华人民共和国领域内江河、湖泊、运河、渠道、水库等具有使用功能的地表水水域。具有特定功能的水域，执行相应的专业用水水质标准。

4. AC　5. ABD　6. BC　7. CDE　8. AD　9. BD　10. AD　11. BCD　12. BCD

13. DE　14. AB　15. ACD

16. CD　【解析】选项 B 目前还没出台。

17. CD

18. ABDE　【解析】选项 C 适用第三类。

19. BC　【解析】选项 A 适用第四类。选项 D、E 适用第二类。

20. AD

21. ABCE　【解析】啤酒工业、医疗机构是 2005 年 7 月颁布的排放标准。

22. ACD　23. ABCDE

24. BCD　【解析】采矿行业的尾矿坝出水口不得视为车间排放口。

25. BC

26. ABC　【解析】第二类污染物最高允许排放浓度和部分行业最高允许排水量按时间规定了不同的标准，1997 年 12 月 31 日之前建设的单位执行一套标准，1998 年 1 月 1 日后建设的单位执行另一套标准。

27. ACD　28. AC

29. ABD　【解析】2005 年考题。本题考查地下水质量标准的适用范围。

30. BC

31. ABCD　【解析】2009 年考题。较简单！

32. C　【解析】2009 年考题。重要的考点，务必记住，《地表水环境质量标准》的 I、II 类和 III 类水域中划定的保护区内和一类功能区海域，禁止新建排污口。

33. CD　【解析】2009 年考题。高频考点！

34. ABD　【解析】2010 年考题。选项 C 应是"从优不从劣"。

35. AB　【解析】2010 年考题。高频考点！

第五章　地下水环境影响评价技术导则

一、单项选择题（每题的备选项中，只有一个最符合题意）

1. 根据《环境影响评价技术导则—地下水环境》，根据建设项目对地下水环境影响的特征，将建设项目分为（　　）。

　　A. 一类　　　　　B. 二类　　　　　C. 三类　　　　　D. 四类

2. 根据《环境影响评价技术导则—地下水环境》，在项目建设、生产运行和服务期满后的各个过程中，可能引起地下水流场或地下水水位变化，并导致环境水文地质问题的建设项目为（　　）。

　　A. Ⅰ类　　　　　B. Ⅱ类　　　　　C. Ⅲ类　　　　　D. Ⅳ类

3. 根据《环境影响评价技术导则—地下水环境》，在项目建设、生产运行和服务期满后的各个过程中，可能造成地下水水质污染的建设项目为（　　）。

　　A. Ⅰ类　　　　　B. Ⅱ类　　　　　C. Ⅲ类　　　　　D. Ⅳ类

4. 根据《环境影响评价技术导则—地下水环境》，在项目建设、生产运行和服务期满后的各个过程中，可能造成地下水水质污染，同时可能引起地下水流场或地下水水位变化，并导致环境水文地质问题的建设项目为（　　）。

　　A. Ⅰ类　　　　　B. Ⅱ类　　　　　C. Ⅲ类　　　　　D. Ⅳ类

5. 根据《环境影响评价技术导则—地下水环境》，确定地下水评价工作等级和评价重点应该在（　　）完成。

　　A. 准备阶段　　　　　　　　　　B. 预测评价阶段
　　C. 现状调查与工程分析阶段　　　D. 报告编写阶段

6. 根据《环境影响评价技术导则—地下水环境》，提出地下水环境保护措施与防治对策应该在（　　）完成。

　　A. 准备阶段　　　　　　　　　　B. 预测评价阶段
　　C. 现状调查与工程分析阶段　　　D. 报告编写阶段

7. 根据《环境影响评价技术导则—地下水环境》，编制地下水环境影响评价工作方案应该在（　　）完成。

　　A. 准备阶段　　　　　　　　　　B. 预测评价阶段
　　C. 现状调查与工程分析阶段　　　D. 报告编写阶段

8．根据《环境影响评价技术导则—地下水环境》，地下水环境影响识别应根据建设项目建设、生产运行和服务期满后三个阶段的工程特征，识别其（　　）的环境影响。

A．正常与非正常两种状态下　　　B．正常与事故两种状态下

C．正常状态下　　　　　　　　　D．事故状态下

9．根据《环境影响评价技术导则—地下水环境》，地下水环境影响识别采用（　　）。

A．叠图法　　　B．指数法　　　C．网络法　　　　D．矩阵法

10．根据《环境影响评价技术导则—地下水环境》，某Ⅰ类建设项目拟建在某温泉保护区内，污水排放量为 100 m³/d,污水水质简单，该项目评价工作等级为（　　）。

A．一级　　　　B．二级　　　C．三级　　　　D．不能确定

11．根据《环境影响评价技术导则—地下水环境》，某Ⅱ类建设项目拟建在某水土流失重点防治区内，污水排放量为 1 000 m³/d，引起地下水位变化影响半径小于 100 m，该项目评价工作等级为（　　）。

A．一级　　　　B．二级　　　C．三级　　　　D．不能确定

12．根据《环境影响评价技术导则—地下水环境》，地下水一级评价项目，需掌握评价区评价期内至少一个连续水文年的（　　）的地下水动态变化特征。

A．枯、平水期　　　　　　　　　B．平、丰水期

C．枯、平、丰水期　　　　　　　D．枯、丰水期

13．根据《环境影响评价技术导则—地下水环境》，地下水二级评价项目，需掌握评价区评价期内至少一个连续水文年的（　　）的地下水动态变化特征。

A．枯、平水期　　　　　　　　　B．平、丰水期

C．枯、平、丰水期　　　　　　　D．枯、丰水期

14．根据《环境影响评价技术导则—地下水环境》，地下水一级评价项目，对地下水水质、水量应采用（　　）进行影响预测和评价。

A．数值法　　　　　　　　　　　B．数值法或解析法

C．时序分析　　　　　　　　　　D．趋势外推

15．根据《环境影响评价技术导则—地下水环境》，二级评价项目，对地下水水质、水量应采用（　　）进行影响预测和评价。

A．数值法　　　　　　　　　　　B．数值法或解析法

C．时序分析　　　　　　　　　　D．趋势外推

16．根据《环境影响评价技术导则—地下水环境》，地下水一级评价项目，需掌握评价区评价期内至少（　　）的枯、平、丰水期的地下水动态变化特征。

A．半个连续水文年　　　　　　　B．三个连续水文年

C. 二个连续水文年　　　　　　　　D. 一个连续水文年

17. 根据《环境影响评价技术导则—地下水环境》，地下水一级评价项目，对环境水文地质问题应进行（　　）的预测和评价，提出切实可行的环境保护措施。

A. 定量　　　　　　　　　　　　　B. 定量或半定量

C. 半定量或定性　　　　　　　　　D. 定量或定性

18. 根据《环境影响评价技术导则—地下水环境》，地下水二级评价项目，对环境水文地质问题应进行（　　）的预测和评价，提出切实可行的环境保护措施。

A. 定量　　　　　　　　　　　　　B. 定量或半定量

C. 半定量或定性　　　　　　　　　D. 定量或定性

19. 根据《环境影响评价技术导则—地下水环境》，地下水一级评价项目，对于给出项目场地的环境水文地质图件的比例尺要求是（　　）。

A. 大于或等于 1/5 000　　　　　　B. 大于或等于 1/10 000

C. 大于或等于 1/50 000　　　　　　D. 大于或等于 1/100 000

20. 根据《环境影响评价技术导则—地下水环境》，地下水二级评价项目，对于给出项目场地的环境水文地质图件的比例尺要求是（　　）。

A. 大于或等于 1/5 000　　　　　　B. 大于或等于 1/10 000

C. 大于或等于 1/50 000　　　　　　D. 大于或等于 1/100 000

21. 根据《环境影响评价技术导则—地下水环境》，一般情况，对于地下水Ⅰ类建设项目一级评价，现状调查与评价范围为（　　）km^2。

A. ≥20　　　B. ≤20　　　C. >30　　　　　D. ≥50

22. 根据《环境影响评价技术导则—地下水环境》，一般情况，对于地下水Ⅰ类建设项目三级评价，现状调查与评价范围为（　　）km^2。

A. >20　　　B. ≤20　　　C. >30　　　　　D. ≥50

23. 根据《环境影响评价技术导则—地下水环境》，一般情况，对于地下水Ⅰ类建设项目二级评价，所在区域环境水文地质条件一般，现状调查与评价范围为（　　）km^2。

A. 20　　　　　B. 20～50　　　　C. 30　　　　　D. 50

24. 根据《环境影响评价技术导则—地下水环境》，当Ⅰ类建设项目位于基岩地区时，地下水一级评价，现状调查评价范围为（　　）。

A. 同一地下水文地质单元　　B. ≤20　　　C. 30　　　D. ≥50

25. 根据《环境影响评价技术导则—地下水环境》，对于Ⅱ类建设项目地下水环境现状调查与评价的范围应应特别关注（　　）。

A. 水文地质单元的完整性　　　　B. 相关的环境保护目标和敏感区域

C. 水文地质复杂程度　　　　　　D. 地下水位变化情况

26. 根据《环境影响评价技术导则—地下水环境》，污染源整理与分析的方法是（　　　）。

　　A. 指数法　　　　　　　　　　B. 综合指数法

　　C. 等标污染负荷比计算法　　　D. 专业判断法

27. 根据《环境影响评价技术导则—地下水环境》，地下水污染源调查因子应根据（　　）选定。

　　A. 所在地区的环境特征　　　　B. 拟建项目的污染特征

　　C. 环境功能区　　　　　　　　D. 相关法律法规、标准

28. 根据《环境影响评价技术导则—地下水环境》，地下水环境现状监测井点采用（　　）的布设原则。

　　A. 均匀性布点与功能性布点相结合

　　B. 均匀性布点与放射性布点相结合

　　C. 控制性布点与功能性布点相结合

　　D. 控制性布点与均匀性布点相结合

29. 根据《环境影响评价技术导则—地下水环境》，一般情况下，地下水水位监测点数应大于相应评价级别地下水水质监测点数的（　　　）倍以上。

　　A. 1　　　　　B. 2　　　　　C. 3　　　　　　D. 4

30. 根据《环境影响评价技术导则—地下水环境》，一级评价项目目的含水层的水质监测点应不少于（　　　）点/层。

　　A. 1 个　　　　B. 3 个　　　　C. 5 个　　　　　D. 7 个

31. 根据《环境影响评价技术导则—地下水环境》，二级评价项目目的含水层的水质监测点应不少于（　　　）点/层。

　　A. 1 个　　　　B. 3 个　　　　C. 5 个　　　　　D. 7 个

32. 根据《环境影响评价技术导则—地下水环境》，三级评价项目目的含水层的水质监测点应不少于（　　　）点/层。

　　A. 1 个　　　　B. 3 个　　　　C. 5 个　　　　　D. 7 个

33. 根据《环境影响评价技术导则—地下水环境》，一级评价项目，当评价区面积大于（　　　）时，每增加（　　　）水质监测点应至少增加 1 个点/层。

　　A. $50\ km^2$；$15\ km^2$　　　　　　B. $100\ km^2$；$15\ km^2$

　　C. $100\ km^2$；$20\ km^2$　　　　　D. $50\ km^2$；$20\ km^2$

34. 根据《环境影响评价技术导则—地下水环境》，二级评价项目，当评价区面积大于（　　　）时，每增加（　　　）水质监测点应至少增加 1 个点/层。

　　A. $50\ km^2$；$15\ km^2$　　　　　　B. $100\ km^2$；$15\ km^2$

　　C. $100\ km^2$；$20\ km^2$　　　　　D. $50\ km^2$；$20\ km^2$

35．根据《环境影响评价技术导则—地下水环境》，一级评价项目，应在评价期内至少分别对一个连续水文年的枯、平、丰水期的地下水水位、水质各监测（　　）。

A．一次　　　　B．二次　　　　C．三次　　　　D．四次

36．根据《环境影响评价技术导则—地下水环境》，地下水水质现状评价应采用（　　）进行评价。

A．综合指数法　　　　　　　B．标准指数法

C．加权平均法　　　　　　　D．南京指数法

37．根据《环境影响评价技术导则—地下水环境》，Ⅰ类建设项目地下水环境影响预测时，对工程可行性研究和评价中提出的不同选址（选线）方案、或多个排污方案等所引起的（　　）分别进行预测。

A．地下水环境质量变化　　　B．地下水水量变化

C．地下水水位变化　　　　　D．地下水影响范围

38．根据《环境影响评价技术导则—地下水环境》，Ⅱ类建设项目地下水环境影响预测时，对工程可行性研究和评价中提出的不同选址（选线）方案、或不同开采方案等所引起的（　　）分别进行预测。

A．地下水水质变化及影响范围　　B．地下水水量变化及影响范围

C．地下水水位变化及影响范围　　D．地下水水位变化

39．根据《环境影响评价技术导则—地下水环境》，Ⅰ类建设项目预测因子应选取（　　）。

A．与拟建项目排放的污染物有关的特征因子

B．引发地下水水质变化的因子

C．引发地下水水量变化的因子

D．地下水水位及与水位变化所引发的环境水文地质问题相关的因子

40．根据《环境影响评价技术导则—地下水环境》，Ⅱ类建设项目预测因子应选取（　　）。

A．与拟建项目排放的污染物有关的特征因子

B．引发地下水水质变化的因子

C．引发地下水水量变化的因子

D．地下水水位及与水位变化所引发的环境水文地质问题相关的因子

41．根据《环境影响评价技术导则—地下水环境》，Ⅰ类建设项目应重点评价（　　）。

A．地下水水位降低或升高诱发的环境水文地质问题的影响程度和范围

B．地下水水位降低或升高诱发的自然灾害问题

C．建设项目污染源对地面水环境保护目标的影响

　　D．建设项目污染源对地下水环境保护目标的影响

　　42．根据《环境影响评价技术导则—地下水环境》，Ⅱ类建设项目应重点评价（　　）。

　　A．地下水水位降低或升高诱发的环境水文地质问题的影响程度和范围

　　B．地下水水位降低或升高诱发的地质构造问题

　　C．建设项目污染源对地面水环境保护目标的影响

　　D．建设项目污染源对地下水环境保护目标的影响

　　43．根据《环境影响评价技术导则—地下水环境》，Ⅱ类建设项目应重点依据（　　），评价地下水水位（水头）降低或升高诱发的环境水文地质问题的影响程度和范围。

　　A．地下水质变化　　　　　　　　B．地下水流场变化

　　C．地下水量变化　　　　　　　　D．地下水位变化

　　44．根据《环境影响评价技术导则—地下水环境》，评价Ⅱ类建设项目对地下水流场或地下水水位（水头）影响时，应依据（　　）的原则进行评价。

　　A．地下水以新带老　　　　　　　B．地下水资源补采平衡

　　C．地下水谁污染、谁治理　　　　D．地下水谁开采、谁治理

二、不定项选择题（每题的备选项中至少有一个符合题意）

　　1．根据《环境影响评价技术导则—地下水环境》，下列（　　）属准备阶段的内容。

　　A．进行初步工程分析　　　　　　B．识别环境影响

　　C．环境水文地质调查　　　　　　D．工程分析

　　2．根据《环境影响评价技术导则—地下水环境》，地下水环境影响识别应根据建设项目（　　）的工程特征，识别其正常与事故两种状态下的环境影响。

　　A．建设阶段　　　　　　　　　　B．生产运行阶段

　　C．生产运行初期阶段　　　　　　D．服务期满后阶段

　　3．根据《环境影响评价技术导则—地下水环境》，对于随着生产运行时间推移对地下水环境影响有可能加剧的建设项目，应按（　　）分别进行环境影响识别。

　　A．服务期满后阶段　　　　　　　B．生产运行初期

　　C．生产运行中期阶段　　　　　　D．生产运行后期

　　4．根据《环境影响评价技术导则—地下水环境》，工业类项目对地下水环境的主要影响有（　　）。

　　A．地下水供水水源地产生的区域水位下降而产生的环境水文地质问题

　　B．废水渗漏引起地下水水位、水量变化而产生的环境水文地质问题

　　C. 固体废物对土壤、地下水水质的影响

　　D. 可能引起的土地沙漠化、盐渍化、沼泽化等环境水文地质问题

　　E. 废水的渗漏对地下水水质的影响

　5. 根据《环境影响评价技术导则—地下水环境》，线性工程类项目对地下水环境的主要影响有（　　）。

　　A. 固体废物渗滤液对地下水水质的影响

　　B. 站场、服务区等排放的污水对地下水水质的影响

　　C. 隧道、洞室等施工及后续排水引起的地下水位下降而产生的环境问题

　　D. 对其穿越的地下水环境敏感区水位或水质的影响

　　E. 可能引起的次生沼泽化、盐渍化等环境水文地质问题

　6. 根据《环境影响评价技术导则—地下水环境》，水利水电工程项目对地下水环境的主要影响有（　　）。

　　A. 尾矿库坝下淋渗、渗漏对地下水水质的影响

　　B. 坝基渗漏对上、下游地区地下水水位、水质的影响

　　C. 大型跨流域调水工程，在施工和运行期间对地下水水位、水质、水资源量的影响

　　D. 可能引起的土地沙漠化、盐渍化、沼泽化等环境水文地质问题

　　E. 可能引起的水资源衰竭、岩溶塌陷、地面沉降等环境水文地质问题

　7. 根据《环境影响评价技术导则—地下水环境》，Ⅰ类建设项目地下水环境影响评价工作等级的划分，应根据（　　）等指标确定。

　　A. 地下水环境敏感程度　　　　　　B. 建设项目场地的包气带防污性能

　　C. 含水层易污染特征　　　　　　　D. 污水排放量

　　E. 污水水质复杂程度

　8. 根据《环境影响评价技术导则—地下水环境》，Ⅰ类建设项目场地包括（　　）等涉及的场地。

　　A. 主体工程　　　　　　　　　　　B. 公用工程

　　C. 储运工程　　　　　　　　　　　D. 辅助工程

　9. 根据《环境影响评价技术导则—地下水环境》，Ⅰ类建设项目场地的地下水环境敏感程度可分为敏感、较敏感、不敏感三级，下列（　　）属敏感。

　　A. 分散居民饮用水源地　　　　　　B. 温泉资源保护区

　　C. 热水资源保护区　　　　　　　　D. 矿泉水资源保护区

　10. 根据《环境影响评价技术导则—地下水环境》，下列（　　）准保护区属Ⅰ类建设项目场地敏感区。

　　A. 已建成的在用水源地　　　　　　B. 备用的水源地

C．应急水源地　　　　　　　D．在建和规划的水源地

11．根据《环境影响评价技术导则--地下水环境》，Ⅱ类建设项目地下水环境影响评价工作等级的划分，应根据（　　）等指标确定。

A．污水水质复杂程度

B．地下水供水（或排水、注水）规模

C．引起的地下水水位变化范围

D．项目场地的地下水环境敏感程度

E．可能造成的环境水文地质问题的大小

12．根据《环境影响评价技术导则—地下水环境》，属Ⅱ类建设项目场地地下水环境敏感程度"敏感"级别的是（　　）。

A．集中式饮用水水源地准保护区　　B．重要湿地

C．地质灾害易发区　　　　　　　　D．沙化土地封禁保护区

13．根据《环境影响评价技术导则—地下水环境》，地下水三级评价项目，可通过（　　）等方法进行地下水影响分析与评价。

A．回归分析　　　　　　　　B．类比预测分析

C．时序分析　　　　　　　　D．趋势外推

14．根据《环境影响评价技术导则—地下水环境》，关于地下水一级评价项目的技术要求，说法正确的是（　　）。

A．基本掌握评价区域的环境水文地质条件、污染源状况、项目所在区域的地下水开采利用现状与规划

B．应查明各含水层之间以及与地表水之间的水力联系

C．根据建设项目污染源特点及具体的环境水文地质条件有针对性地开展勘察试验，进行地下水环境现状评价

D．对环境水文地质问题进行半定量或定性的预测和评价，提出切实可行的环境保护措施

E．对地下水水质、水量采用数值法或解析法进行影响预测和评价

15．根据《环境影响评价技术导则—地下水环境》，关于地下水二级评价项目的技术要求，说法正确的是（　　）。

A．基本掌握评价区域的环境水文地质条件、污染源状况、项目所在区域的地下水开采利用现状与规划

B．应查明各含水层之间以及与地表水之间的水力联系

C．根据建设项目污染源特点及具体的环境水文地质条件有针对性地开展勘察试验，进行地下水环境现状评价

D．掌握评价区至少一个连续水文年的枯、丰水期的地下水动态变化特征

E．对地下水水质、水量应必须采用数值法进行影响预测和评价

16．根据《环境影响评价技术导则—地下水环境》，关于地下水三级评价项目的技术要求，说法正确的是（　　）。

A．基本掌握当地的主要环境水文地质条件、污染源状况、项目所在区域的地下水开采利用现状与规划

B．结合建设项目污染源特点及具体的环境水文地质条件有针对性地补充必要的勘察试验，进行地下水环境现状评价

C．结合建设项目污染源特点及具体的环境水文地质条件有针对性地进行现状监测

D．提出切实可行的环境保护措施

17．根据《环境影响评价技术导则—地下水环境》，当Ⅰ类建设项目位于基岩地区时，地下水二级评价，现状调查评价范围为（　　）。

A．同一地下水文地质单元　　　　B．≤20

C．同一地下水块段　　　　　　　D．≥50

18．根据《环境影响评价技术导则—地下水环境》，当Ⅰ类建设项目位于基岩地区时，关于地下水环境现状调查与评价范围确定的原则，说法正确的是（　　）。

A．一级评价以同一地下水文地质单元为调查评价范围

B．二级评价原则上可以以同一地下水块段为调查评价范围

C．三级评价以能说明地下水环境的基本情况，并满足环境影响预测和分析的要求为原则确定调查评价范围

D．三级评价调查评价范围为≤20

19．根据《环境影响评价技术导则—地下水环境》，Ⅱ类建设项目地下水环境现状调查与评价的范围应包括建设项目（　　）的地下水水位变化的影响区域。

A．勘察阶段　　　　　　　　　　B．建设阶段

C．生产运行阶段　　　　　　　　D．服务期满后阶段

20．根据《环境影响评价技术导则—地下水环境》，关于Ⅱ类建设项目地下水环境现状调查与评价的范围，说法正确的是（　　）。

A．现状调查与评价的范围应包括建设项目建设、生产运行和服务期满后三个阶段的地下水水位变化的影响区域

B．必要时应扩展至完整的水文地质单元，以及可能与建设项目所在的水文地质单元存在直接补排关系的区域

C．应特别关注相关的环境保护目标和敏感区域

D．应特别关注水文地质复杂程度

21．根据《环境影响评价技术导则—地下水环境》，下列（　　）属水文地质条

件调查的主要内容。

    A．气象、水文、土壤和植被状况　　　　B．地貌特征与矿产资源

    C．泉水开发利用情况　　　　　　　　　D．地下水污染对照值

22．根据《环境影响评价技术导则—地下水环境》，下列（　　）属水文地质条件调查的主要内容。

    A．地下水补给、径流和排泄条件　　　B．隔水层的岩性组成

    C．地质构造　　　　　　　　　　　　D．地层岩性

23．根据《环境影响评价技术导则—地下水环境》，下列（　　）属环境水文地质问题调查与分析的主要内容。

    A．原生环境水文地质问题

    B．地下水开采过程中水质、水量、水位的变化情况

    C．与地下水有关的其他人类活动情况调查

    D．地质构造

24．根据《环境影响评价技术导则—地下水环境》，下列（　　）属环境水文地质问题调查与分析的主要内容。

    A．天然劣质水分布状况以及引发的地方性氟病的调查和分析

    B．地下水超采引发的区域性水位下降的调查和分析

    C．地下水污染的调查和分析

    D．土壤次生盐渍化调查和分析

25．根据《环境影响评价技术导则—地下水环境》，地下水污染源调查的对象主要包括（　　）。

    A．工业污染源　　　　　　　　　　　B．生活污染源

    C．交通污染源　　　　　　　　　　　D．农业污染源

26．根据《环境影响评价技术导则—地下水环境》，地下水污染源调查的重点主要包括（　　）。

    A．污灌区　　　B．渗坑　　　　C．排污渠　　　D．渗井　　　E．污水池

27．根据《环境影响评价技术导则—地下水环境》，地下水环境现状监测井点应主要布设在（　　）以及对于确定边界条件有控制意义的地点。

    A．建设项目场地　　　　　　　　　　B．周围环境敏感点

    C．地下水污染源　　　　　　　　　　D．主要现状环境水文地质问题

28．根据《环境影响评价技术导则—地下水环境》，监测井点的层位应以（　　）为主。

    A．潜水　　　　　　　B．承压水　　　　　　C．包气带水

    D．可能受建设项目影响的有开发利用价值的含水层

29．根据《环境影响评价技术导则—地下水环境》，关于地下水现状监测井点的布设原则，说法正确的是（　　　）。

A．地下水环境现状监测井点采用均匀性布点与功能性布点相结合的布设原则

B．对于 I 类和 III 类改、扩建项目，当现有监测井不能满足监测位置和监测深度要求时，应布设新的地下水现状监测井

C．潜水监测井不得穿透潜水隔水底板，承压水监测井中的目的层与其他含水层之间应止水良好

D．一般情况下，地下水水质监测点数应大于相应评价级别地下水水位监测点数的 2 倍以上

30．根据《环境影响评价技术导则—地下水环境》，关于地下水水质监测点布设的具体要求，说法正确的是（　　　）。

A．一级项目，项目场地上游和两侧水质监测点各不得少于 1 个点/层，项目场地及其下游影响区的地下水水质监测点不得少于 3 个点/层

B．二级项目，项目场地上游和两侧水质监测点各不得少于 1 个点/层，项目场地及其下游影响区的地下水水质监测点不得少于 3 个点/层

C．三级项目，项目场地上游水质监测点不得少于 1 个点/层，项目场地及其下游影响区的地下水水质监测点不得少于 2 个点/层

D．三级项目，评价区面积大于 $50\ km^2$ 时，每增加 $30\ km^2$ 水质监测点应至少增加 1 个点/层

31．根据《环境影响评价技术导则—地下水环境》，地下水水质样品应采用（　　　）进行采集。

A．手动采样泵　　　　　　　　B．自动式采样泵

C．人工活塞闭合式采样器　　　D．敞口式定深采样器

32．根据《环境影响评价技术导则—地下水环境》，关于二级评价项目地下水环境现状监测频率的要求，说法正确的是（　　　）。

A．新建项无现有监测资料，应在评价期内分别对一个连续水文年的枯、平、丰水期的地下水水位、水质各监测一次

B．新建项目，若有近 2 年内至少一个连续水文年的枯、丰水期监测资料，应在评价期内至少进行一次地下水水位、水质监测

C．改、扩建项目，若掌握现有工程建成后近 3 年内至少一个连续水文年的枯、丰水期观测资料，应在评价期内至少进行一次地下水水位、水质监测

D．新建项目，若有近 3 年内至少一个连续水文年的枯、丰水期监测资料，应在评价期内至少进行一次地下水水位、水质监测

33．根据《环境影响评价技术导则—地下水环境》，关于地下水环境现状监测频

率的要求，说法错误的是（　　　）。

A．三级评价项目可以利用最近三年一个水文年的枯、丰水期监测资料

B．三级评价项目应至少在评价期内监测一次地下水水位、水质，并尽可能在枯水期进行

C．一级评价项目应在评价期内至少分别对一个连续水文年的枯、丰水期的地下水水位、水质各监测一次

D．二级评价项目应在评价期内至少进行一次枯、丰水期地下水水位、水质监测

34．根据《环境影响评价技术导则—地下水环境》，地下水水质现状评价主要针对现状监测结果进行（　　　）的分析。

A．最大值、最小值、均值　　　　　　B．检出率

C．标准差　　　　　　　　　　　　　D．超标率

35．根据《环境影响评价技术导则—地下水环境》，地下水环境影响预测的范围、时段、内容和方法均应根据（　　　）确定。

A．评价工作等级　　　　　　　　　　B．工程特征

C．环境特征　　　　　　　　　　　　D．现状调查和评价数据

E．当地环境功能和环保要求

36．根据《环境影响评价技术导则—地下水环境》，地下水环境影响预测应以（　　　）为重点。

A．拟建项目对地下水水质、水位、水量动态变化的影响

B．拟建项目对地下水的影响范围

C．拟建项目对敏感保护目标的影响

D．产生的主要环境水文地质问题

37．根据《环境影响评价技术导则—地下水环境》，Ⅲ类建设项目地下水环境影响预测时，对工程可行性研究和评价中提出的不同选址（选线）方案、或不同开采方案等所引起的（　　　）分别进行预测。

A．地下水水质变化　　　　　　　　　B．地下水水量变化

C．地下水水位变化　　　　　　　　　D．地下水影响范围

38．根据《环境影响评价技术导则—地下水环境》，Ⅰ类建设项目地下水环境影响预测时，预测的原则是（　　　）。

A．要给出不同选址（选线）方案、或多个排污方案等所引起的地下水环境质量变化及影响范围进行预测

B．要给出不同选址（选线）方案、或多个排污方案等所引起的地下水环境质量变化进行预测

C．要给出不同选址（选线）方案、或多个排污方案等所引起的地下水水位变化及影响范围进行预测

D．要给出污染物正常排放和事故排放两种工况的预测结果

39．根据《环境影响评价技术导则—地下水环境》，关于地下水预测范围的原则，说法正确的是（　　）。

A．预测的范围应大于现状调查范围

B．预测的范围可与现状调查范围相同

C．预测的范围应包括保护目标和环境影响的敏感区域，必要时扩展至完整的水文地质单元

D．预测的范围包括可能与建设项目所在的水文地质单元存在直接补排关系的区域

40．根据《环境影响评价技术导则—地下水环境》，地下水预测重点应包括（　　）。

A．地下水环境影响的敏感区域

B．主要污水排放口和固体废物堆放处的地下水上游区域

C．已有、拟建和规划的地下水供水水源区

D．可能出现环境水文地质问题的主要区域

E．其他需要重点保护的区域

41．根据《环境影响评价技术导则—地下水环境》，地下水环境影响预测时段应包括建设项目（　　）。

A．勘察阶段　　　　　　　　　B．建设阶段

C．生产运行阶段　　　　　　　D．服务期满后阶段

42．根据《环境影响评价技术导则—地下水环境》，Ⅰ类建设项目预测因子选取重点应包括（　　）。

A．反映地下水循环特征和水质成因类型的常规项目或超标项目

B．国家或地方要求控制的污染物

C．难降解、易生物蓄积、长期接触对人体和生物产生危害作用的污染物

D．改、扩建项目已经排放的及将要排放的主要污染物

E．持久性有机污染物

43．根据《环境影响评价技术导则—地下水环境》，关于不同地下水环境影响评价等级应采用的预测方法，说法正确的是（　　）。

A．一级评价中水文地质条件简单时可采用解析法

B．二级评价中水文地质条件复杂时应采用数值法

C．二级评价中，水文地质条件简单时可采用解析法

D．三级评价可采用回归分析、趋势外推、时序分析或类比预测法

44．根据《环境影响评价技术导则—地下水环境》，地下水环境影响预测时，水文地质条件概化除应根据评价等级选用的预测方法外，还应结合（　　）等因素。

　　A．环境保护敏感目标　　　　　　B．含水介质结构特征

　　C．边界条件及参数类型　　　　　D．地下水补、径、排条件

45．根据《环境影响评价技术导则—地下水环境》，地下水环境影响预测时，污染源按排放规律概化可概化为（　　）。

　　A．点源　　　　　　　　　　　　B．连续恒定排放

　　C．面源　　　　　　　　　　　　D．非连续恒定排放

46．根据《环境影响评价技术导则—地下水环境》，Ⅰ类建设项目应重点评价建设项目污染源对地下水环境保护目标的影响，该环境保护目标包括（　　）。

　　A．已建成的在用、备用、应急水源地

　　B．在建和规划的水源地

　　C．生态环境脆弱区域

　　D．其他地下水环境敏感区域

47．根据《环境影响评价技术导则—地下水环境》，关于不同类型建设项目地下水环境影响评价的原则，说法错误的是（　　）。

　　A．Ⅰ类建设项目应重点评价地下水水位（水头）降低或升高诱发的环境水文地质问题的影响程度和范围

　　B．Ⅱ类建设项目应重点评价建设项目污染源对地下水环境保护目标的影响

　　C．Ⅰ类建设项目评价因子同影响预测因子

　　D．无论哪类项目，地下水环境影响评价采用的预测值未包括环境质量现状值时，应叠加环境质量现状值后再进行评价

48．根据《环境影响评价技术导则—地下水环境》，在Ⅰ类建设项目地下水环境影响评价时，下列哪些情况可得出可以满足地下水环境质量标准要求的结论。（　　）

　　A．新建项目排放的主要污染物，改、扩建项目已经排放的及将要排放的主要污染物在评价范围内的地下水中已经超标

　　B．建设项目在各个不同生产阶段、除污染源附近小范围以外地区，均能达到地下水环境质量标准要求

　　C．削减措施在技术上不可行，但经济上合理

　　D．在建设项目实施的某个阶段，有个别水质因子在较大范围内出现超标，但采取环保措施后，可满足地下水环境质量标准要求

49．根据《环境影响评价技术导则—地下水环境》，在Ⅰ类建设项目地下水环境影响评价时，下列（　　）可做出不能满足地下水环境质量标准要求的结论。

A．新建项目排放的主要污染物，改、扩建项目已经排放的及将要排放的主要污染物在评价范围内的地下水中已经超标

B．建设项目在各个不同生产阶段、除污染源附近小范围以外地区，均能达到地下水环境质量标准要求

C．削减措施在经济上明显不合理，但技术上可行

D．在建设项目实施的某个阶段，有个别水质因子在较大范围内出现超标，但采取环保措施后，可满足地下水环境质量标准要求

50．根据《环境影响评价技术导则—地下水环境》，评价Ⅱ类建设项目对地下水流场或地下水水位（水头）影响时，应依据地下水资源补采平衡的原则，评价（　　）等。

A．地下水开发利用的合理性

B．可能出现的环境水文地质问题的类型、性质

C．可能出现的环境水文地质问题影响的范围、特征和程度

D．水质能否满足地下水环境质量标准要求

51．根据《环境影响评价技术导则—地下水环境》，下列（　　）属Ⅲ类建设项目的环境影响分析的。

A．评价水质能否满足地下水环境质量标准要求

B．评价项目对地下水流场或地下水水位（水头）影响

C．评价地下水开发利用的合理性

D．评价可能出现的环境水文地质问题的类型、性质及其影响的范围、特征和程度

52．根据《环境影响评价技术导则—地下水环境》，环保对策措施建议应根据（　　）提出需要增加或完善的地下水环境保护措施和对策。

A．Ⅰ类、Ⅱ类和Ⅲ类建设项目各自的特点

B．建设项目所在区域环境现状

C．环境影响预测与评价结果

D．投资额

53．根据《环境影响评价技术导则—地下水环境》，关于地下水环境保护措施与对策的基本要求，说法正确的是（　　）。

A．改、扩建项目应针对现有的环境水文地质问题、地下水水质污染问题，提出"以新带老"的对策和措施

B．新建项目应针对现有的环境水文地质问题、地下水水质污染问题，提出"以新带老"的对策和措施

C．给出各项地下水环境保护措施与对策的实施效果

D．列表明确各项具体措施的投资估算，并分析其技术、经济可行性

参考答案

一、单项选择题

1．C　2．B　3．A　4．C　5．A　6．D　7．A　8．B　9．D

10．A　【解析】从题中可知，建设项目场地属敏感。从"Ⅰ类建设项目评价工作等级分级表"中可知，只要建设项目场地的地下水环境敏感程度属"敏感"，其他依据不管如何，评价等级都是一级。这个等级划分应该记住。

11．A　【解析】从题中可知，建设项目场地属"敏感"。从"Ⅱ类建设项目评价工作等级分级表"中可知，只要建设项目场地的地下水环境敏感程度属"敏感"，其他依据不管如何，评价等级都是一级。这个等级划分也应该记住。另外，对于属"敏感"的情况需要熟悉。

12．C　13．D　14．A　15．B　16．D　17．B　18．C

19．B　【解析】评价项目等级越高，对图件的精度要求较高，比例尺相对来说要大点。

20．C

21．D　【解析】Ⅰ类建设项目不同评价等级范围有明确的范围。两个数要记住：$20\ km^2$ 和 $50\ km^2$。

22．B

23．A　【解析】环境水文地质条件复杂、含水层渗透性能较强的地区，调查评价范围可取较大值，否则可取较小值。

24．A　【解析】当Ⅰ类建设项目位于基岩地区时，一级评价以同一地下水文地质单元为调查评价范围，二级评价原则上以同一地下水水文地质单元或地下水块段为调查评价范围，三级评价以能说明地下水环境的基本情况，并满足环境影响预测和分析的要求为原则确定调查评价范围。

25．B　26．C　27．B　28．C　29．B　30．D　31．C　32．B　33．B　34．C　35．A　36．B　37．A　38．C　39．A　40．D　41．D　42．A　43．B　44．B

二、不定项选择题

1．AB　2．ABD　3．BCD

4．ABCE　【解析】选项D是水利水电工程对地下水环境的主要影响之一。

5．BCD　【解析】选项A是固体废物填埋场工程对地下水环境的主要影响之一。

选项E是农业类项目对地下水环境的主要影响之一。

6. BCD 【解析】选项A、E是矿山开发工程对地下水环境的主要影响。

7. ABCDE 8. ABCD

9. BCD 【解析】选项A属较敏感。Ⅰ类和Ⅱ类的地下水环境敏感程度对"敏感"的类型有所不同，注意两者的共同点和区别。

10. ABCD 【解析】对于集中式饮用水源地一、二级保护区并未说其是否属"敏感"，因为对于集中式饮用水源地一、二级保护区能否建设项目在《水污染防治法》中有明确说明。

11. BCDE

12. ABCD 【解析】生态脆弱区重点保护区域、地质灾害易发区、重要湿地、水土流失重点防治区、沙化土地封禁保护区等都属"敏感"级别，这几个类型在Ⅰ类建设项目中是没有的。

13. ABCD

14. BC 【解析】选项A中，应是"详细掌握"，而不是"基本掌握"。 选项D中，应是"定量或半定量"，而不是"半定量或定性"。选项E是二级评价的要求。

15. ABD 【解析】选项C的正确说法是：结合建设项目污染源特点及具体的环境水文地质条件有针对性地补充必要的勘察试验，进行地下水环境现状评价；选项E的正确说法是：对地下水水质、水量采用数值法或解析法进行影响预测和评价。

16. CD 【解析】对于"主要环境水文地质条件、污染源状况、项目所在区域的地下水开采利用现状与规划"，一级评价要求"详细掌握"，二级评价要求"基本掌握"，三级评价要求"了解"。对于地下水环境现状评价，一级评价要求"有针对性地开展勘察试验"，二级评价要求"有针对性地补充必要的勘察试验"，三级评价要求"了解建设项目环境影响评价区的环境水文地质条件"。

17. AC 18. ABC 19. BCD 20. ABC

21. ABCD 【解析】水文地质条件调查的主要内容很多，无需逐条去背，与地下水有关的内容基本都属其范畴，大部分内容看过一次应该基本知道。此题只列出一些容易被忽视的选项。

22. ABCD

23. ABC 【解析】环境水文地质问题指因自然或人类活动而产生的与地下水有关的环境问题。它包括天然（原生）环境水文地质问题，如地球的运动、地方病（地方性氟病、大骨节病以及甲状腺肿病等）等。 另一类为人为（次生）环境水文地质问题，由人类活动造成的，如地下水超采引发的区域性水位下降、海水入侵、地下水污染、地面沉降、塌陷、岩溶塌陷、土壤次生盐渍化、土壤沼泽化、土地沙化等。

24．ABCD　25．ABD

26．ABCDE　【解析】调查重点主要包括废水排放口、渗坑、渗井、污水池、排污渠、污灌区、已被污染的河流、湖泊、水库和固体废物堆放（填埋）场等。

27．ABCD　28．AD

29．BC　【解析】选项D中，注意"水位""水质"的不同。

30．AC　31．BCD

32．CD　【解析】二级评价项目的监测周期只针对枯、丰水期。现有监测资料要求是3年。

33．ACD　【解析】二级评价项目分三种情况，一是新建设项目有近3年环境监测资料的，二是改、扩建项目有近3年环境监测资料的，三是新建设项目或改、扩建项目无近3年的环境监测资料的，不同的情况，监测要求是不一样的。三级评价项目也是一定要监测，利用现有监测资料是不行的。

34．ABCD　35．ABCE　36．AD　37．ABCD

38．BD　【解析】Ⅰ类建设项目和Ⅱ类建设项目的预测原则有所不同，注意其用词。

39．BCD

40．ACDE　【解析】选项B的正确说法是主要污水排放口和固体废物堆放处的地下水下游区域。

41．BCD　42．ABCDE

43．BCD　【解析】一级评价应采用数值法。二级评价针对不同的条件可用不同的方法。

44．BCD

45．BD　【解析】根据污染源的具体情况，排放形式可以概化为点源或面源。排放规律可以简化为连续恒定排放或非连续恒定排放。

46．ABCD

47．AB　【解析】注意题干问的是"错误的"。

48．BD　49．AC　50．ABC

51．ABCD　【解析】Ⅲ类建设项目的环境影响分析应同时满足Ⅰ类建设项目和Ⅱ类建设项目的要求。Ⅰ类建设项目的评价重点在于评价水质，Ⅱ类建设项目则是对地下水流场或地下水水位（水头）的影响进行评价，突出地下水开发利用的合理性及可能出现的环境水文地质问题。

52．ABC　53．ACD

第六章　声环境影响评价技术导则与相关标准

第一节　环境影响评价技术导则—声环境

一、单项选择题（每题的备选项中，只有一个最符合题意）

1．建设项目既拥有固定声源，又拥有流动声源时，应（　　）。

　　A．只进行固定声源环境影响评价　　　B．只进行流动声源环境影响评价

　　C．分别进行噪声环境影响评价　　　　D．只进行叠加环境影响评价

2．同一敏感点既受到固定声源影响，又受到流动声源影响时，应进行（　　）。

　　A．固定声源环境影响评价　　　　　　B．流动声源环境影响评价

　　C．分别进行噪声环境影响评价　　　　D．叠加环境影响评价

3．在声源发声时间内，声源位置不发生移动的声源称（　　）。

　　A．固定声源　　　　　　　　　　　　B．流动声源

　　C．点声源　　　　　　　　　　　　　D．线声源

4．以柱面波形式辐射声波的声源，辐射声波的声压幅值与声波传播距离的平方根（ $\sqrt{r}$ ）成反比，此种声源称为（　　）。

　　A．面声源　　　　　　　　　　　　　B．流动声源

　　C．点声源　　　　　　　　　　　　　D．线声源

5．在声环境影响评价中，声源近似为点声源的条件是（　　）。

　　A．声源中心到预测点之间的距离超过声源平均几何尺寸 2 倍时

　　B．声源中心到预测点之间的距离超过声源最大几何尺寸 3 倍时

　　C．声源中心到预测点之间的距离超过声源最大几何尺寸 2 倍时

　　D．声源中心到预测点之间的距离超过声源平均几何尺寸 3 倍时

6．在声场内的一定点位上，将某一段时间内连续暴露不同 A 声级变化，用能量平均的方法以 A 声级表示该段时间内的噪声大小，这个声级称为（　　）。

A．倍频带声压级 B．昼夜等效声级

C．A 声功率级 D．等效连续 A 声级

7．在环境噪声评价量中"L_{WECPNL}"符号表示（　　）。

A．A 计权声功率级 B．声功率级

C．计权等效连续感觉噪声级 D．等效连续 A 声级

8．突发噪声的评价量为（　　）。

A．昼间等效声级（L_d） B．最大 A 声级（L_{max}）

C．夜间等效声级（L_n） D．等效连续 A 声级（L_{eq}）

9．机场周围区域受飞机通过（起飞、降落、低空飞越）噪声环境影响的评价量
为（　　）。

A．A 计权声功率级 B．最大 A 声级（L_{max}）

C．计权等效连续感觉噪声级（L_{WECPN}） D．等效连续 A 声级

10．电梯噪声的评价量为（　　）。

A．昼间等效声级（L_d） B．最大 A 声级（L_{max}）

C．等效感觉噪声级（L_{EPN}） D．等效连续 A 声级（L_{eq}）

11．频发、偶发噪声的评价量为（　　）。

A．A 声功率级 B．等效感觉噪声级（L_{EPN}）

C．最大 A 声级（L_{max}） D．等效连续 A 声级（L_{eq}）

12．运行期声源为固定声源时，（　　）作为环境影响评价时段。

A．固定声源投产运行前 B．固定声源投产运行中

C．固定声源施工后 D．固定声源投产运行后

13．运行期声源为流动声源时，应将（　　）作为环境影响评价时段。

A．工程预测的代表性时段 B．工程预测的运行近期时段

C．工程预测的运行中期时段 D．工程预测的运行远期时段

14．某中型项目，建设前后评价范围内敏感目标噪声级增高量为 7～11 dB（A），
受影响人口显著增多，此建设项目声环境影响应按（　　）进行工作。

A．一级评价 B．二级评价

C．三级评价 D．二级或三级评价

15．某中型项目，建设前后评价范围内敏感目标噪声级增高量为 3dB（A），此
建设项目声环境影响应按（　　）进行工作。

A．一级评价 B．二级评价

C．三级评价 D．二级或三级评价

16．某新建的大型建设项目，建设前后评价范围内敏感目标噪声级增高量为 3～
4 dB（A），但受影响人口数量显著增多，此建设项目声环境影响应按（　　）进行

工作。

    A. 一级评价   B. 二级评价

    C. 三级评价   D. 二级或三级评价

    17. 某新建的中型建设项目，所在的声环境功能区为 3 类区，建设前后对评价范围内的商场噪声级增高量为 7～9 dB（A），对评价范围内的居住区噪声级增高量为 3～4 dB（A），此建设项目声环境影响应按（   ）进行工作。

    A. 一级评价   B. 二级评价

    C. 三级评价   D. 二级或三级评价

    18. 某改建的中型建设项目，其所在声环境功能区是居住、商业、工业混杂区，此建设项目声环境影响应按（   ）进行工作。

    A. 一级评价   B. 二级评价

    C. 三级评价   D. 二级或三级评价

    19. 某中型新建项目，其附近有一疗养区院，此建设项目声环境影响应按（   ）进行工作。

    A. 一级评价   B. 二级评价

    C. 三级评价   D. 一级或二级评价

    20. 某扩建的大型建设项目，其所在声环境功能区内有一所大学，此建设项目声环境影响应按（   ）进行工作。

    A. 一级评价   B. 二级评价

    C. 三级评价   D. 二级或三级评价

    21. 某新建的大型建设项目，建设前后评价范围内敏感目标噪声级增高量为 2 dB（A），此建设项目声环境影响应按（   ）进行工作。

    A. 一级评价   B. 二级评价

    C. 三级评价   D. 二级或三级评价

    22. 某扩建的中型建设项目，其所在声环境功能区内有一个工业区，此建设项目声环境影响应按（   ）进行工作。

    A. 一级评价   B. 二级评价

    C. 三级评价   D. 二级或三级评价

    23. 某新建工厂的声环境影响评价工作等级为一级，一般情况下，其评价范围为（   ）。

    A. 以建设项目边界向外 100 m   B. 以建设项目包络线边界向外 200 m

    C. 以建设项目边界向外 200 m   D. 以建设项目中心点向外 200 m

    24. 某城市轨道交通地上线路的声环境影响评价工作等级为一级，一般情况下，其评价范围为（   ）。

A．道路中心线外两侧 300 m 以内　　　B．道路中心线外两侧 200 m 以内

C．道路边界线外两侧 200 m 以内　　　D．道路红线外两侧 200 m 以内

25．机场周围飞机噪声评价范围应根据飞行量（　　）。

A．计算到 L_{EPN} 为 80 dB 的区域　　　B．计算到 L_{WECPN} 为 80 dB 的区域

C．计算到 L_{EPN} 为 70dB 的区域　　　D．计算到 L_{WECPN} 为 70 dB 的区域

26．某机场项目，声环境影响评价工作等级为一级，其评价范围一般为（　　）。

A．以主要航迹离跑道两端侧向各 200 m 的范围

B．以主要航迹离跑道两端各 1～2 km、侧向各 6～12 km 的范围

C．以主要航迹离跑道两端各 6～12 km、侧向各 1～2 km 的范围

D．以主要航迹离跑道两端各 2～10 km、侧向各 2～4 km 的范围

27．二、三级声环境评价范围如依据建设项目声源计算得到的（　　）到 200 m 处，仍不能满足相应功能区标准值时，应将评价范围扩大到满足标准值的距离。

A．贡献值　　　　B．叠加值　　　　C．背景值　　　　D．预测值

28．对于一级声环境评价项目，当敏感目标（　　）建筑时，应绘制垂直方向的等声级线图。

A．高于（含）二层　　　　　　　B．高于（不含）三层

C．高于（含）三层　　　　　　　D．高于（含）四层

29．评价范围内具有代表性的敏感目标的声环境质量现状需要实测，是（　　）评价的基本要求。

A．一级　　　　B．二级　　　　C．一级和二级　　　D．三级

30．对于固定声源评价，一定要绘制等声级线图，是（　　）评价的基本要求。

A．一级　　　　B．二级　　　　C．一级和二级　　　D．三级

31．在工程分析中，要在标有比例尺的图中标识固定声源的具体位置或流动声源的路线、跑道等位置，是（　　）评价的基本要求。

A．一级　　　　B．二级　　　　C．三级　　　　D．以上都是

32．对工程可行性研究和评价中提出的不同选址（选线）和建设布局方案，应根据不同方案噪声影响人口的数量和噪声影响的程度进行比选，并从声环境保护角度提出最终的推荐方案，这是（　　）评价的基本要求。

A．一级　　　　B．二级　　　　C．三级　　　　D．一级和二级

33．声环境现状调查需收集评价范围内（　　）地理地形图。

A．1∶20 00～100 000　　　　　B．1∶2 000～50 000

C．1∶5 000～100 000　　　　　D．1∶500～5 000

34．声环境现状监测布点应（　　）评价范围。

A．大于　　　　B．小于　　　　C．覆盖　　　　D．略大于

35．对于改、扩建机场工程，声环境现状监测点一般布设在（　　）处。

　　A．机场场界　　　　　　　　　B．机场跑道

　　C．机场航迹线　　　　　　　　D．主要敏感目标

36．对于单条跑道改、扩建机场工程，测点数量可分别布设（　　）个飞机噪声测点。

　　A．1～2　　　　B．9～14　　　　C．12～18　　　　D．3～9

37．对于二条跑道改、扩建机场工程，测点数量可分别布设（　　）个飞机噪声测点。

　　A．1～3　　　　B．9～14　　　　C．12～18　　　　D．3～9

38．对于三条跑道改、扩建机场工程，测点数量可分别布设（　　）个飞机噪声测点。

　　A．1～4　　　　B．9～14　　　　C．12～18　　　　D．3～9

39．声环境影响预测范围与评价范围的关系是（　　）。

　　A．预测范围应大于评价范围　　　B．预测范围应小于评价范围

　　C．预测范围应与评价范围相同　　　D．预测范围应大于等于评价范围

40．声环境评价等级为一级，在缺少声源源强的相关资料时，应通过（　　）取得，并给出相应的条件。

　　A．类比分析　　　　　　　　　B．类比测量

　　C．系统分析　　　　　　　　　D．引用已有的数据

41．任何形状的声源，只要声波波长（　　）声源几何尺寸，该声源可视为点声源。

　　A．远远大于　　　　　　　　　B．远远小于

　　C．等于　　　　　　　　　　　D．远远小于等于

42．在声环境影响评价中，声源中心到预测点之间的距离超过声源最大几何尺寸（　　）时，可将该声源近似为点声源。

　　A．很多　　　　　B．1 倍　　　　C．3 倍　　　　D．2 倍

43．公路、城市道路交通运输噪声预测内容中，按（　　）绘制代表性路段的等声级线图，分析敏感目标所受噪声影响的程度，确定噪声影响的范围，并说明受影响人口分布情况。

　　A．预测值　　　　B．背景值　　　　C．贡献值　　　　D．叠加值

44．机场飞机噪声预测的内容中，需给出计权等效连续感觉噪声级（L_{WECPN}）为（　　）dB 的等声级线图。

　　A．65、70、75、80、85　　　　　B．70、75、80、85、90

　　C．60、70、80、90、100　　　　　D．75、80、85、90、95

45．进行边界噪声评价时，新建建设项目以工程噪声（　　）作为评价量。

　A．预测值　　　　　　B．背景值　　　　　C．边界噪声值　　　　　　D．贡献值

46．进行边界噪声评价时，改扩建建设项目以（　　）作为评价量。

　A．预测值　　　　　　B．背景值　　　　　C．边界噪声值　　　　　　D．贡献值

47．进行敏感目标噪声环境影响评价时，以（　　）作为评价量。

　A．敏感目标背景噪声值

　B．敏感目标所受的噪声贡献值

　C．敏感目标所受的噪声贡献值与背景噪声值叠加后的预测值

　D．敏感目标所受的噪声原始值

48．对于改扩建的公路、铁路等建设项目，如预测噪声贡献值时已包括了现有声源的影响，则以预测的噪声（　　）作为评价量。

　A．预测值　　　　　　B．背景值　　　　　　C．边界噪声值　　　D．贡献值

49．在噪声超标原因分析时，对于通过城镇建成区和规划区的路段，还应分析（　　）是否符合城市规划部门提出的防噪声距离。

　A．建设项目与敏感目标间的距离　　　B．建设项目与交通线路的距离

　C．建设项目与工业区的距离　　　　　D．建设项目与商业建筑的距离

50．由建设项目自身声源在预测点产生的声级为（　　）。

　A．贡献值　　　　　　B．背景值　　　　　C．预测值　　　　　　D．叠加值

51．不含建设项目自身声源影响的环境声级为（　　）。

　A．贡献值　　　　　　B．背景值　　　　　C．预测值　　　　　　D．叠加值

52．预测点的贡献值和背景值按能量叠加方法计算得到的声级为（　　）。

　A．贡献值　　　　　　B．背景值　　　　　C．预测值　　　　　D．最大预测值

53．各倍频带声压级经能量叠加法求得的和为总声压级。根据《环境影响评价技术导则　声环境》，同一噪声源在相同位置、相同时段测得的评价量中，大小关系必定成立的是（　　）。

　A．总声压级≥A声级　　　　　　　B．A声级≥总声压级

　C．总声压级≥各倍频带声压级　　　D．A声级≥各倍频带声压级

54．根据《环境影响评价技术导则声环境》，预测紧邻道路第一排第十层居民住宅处的环境噪声影响时，主要考虑的声传播衰减因素是（　　）。

　A．几何发散衰减　　　　　　　　B．地面效应衰减

　C．临路建筑引起的声级衰减　　　D．绿化林带引起的声级衰减

55．根据《环境影响评价技术导则声环境》，关于建设项目实施过程中声环境影响评价时段，说法正确的是（　　）。

　A．建设项目实施过程中，声环境影响评价时段不包括施工期

B. 建设项目实施过程中，声环境影响评价时段不包括运行期

C. 运行期声源为流动声源时，仅以工程预测近期作为环境影响评价时段

D. 运行期声源为固定声源时，固定声源投产运行后作为环境影响评价时段

56. 某新建城市快速路通过位于 2 类声环境功能区的城市大型居民稠密区。根据《环境影响评价技术导则声环境》，该项目声环境影响评价工作等级应为（　　）。

  A. 一级   B. 二级   C. 三级   D. 低于三级

57. 根据《环境影响评价技术导则声环境》，关于声环境影响评价范围，说法正确的是（　　）。

  A. 声环境影响评价等级为一级的公路建设项目，其评价范围一般为道路用地红线两侧 200 m

  B. 公路建设项目评价范围边界处噪声影响预测值必须能满足相应功能区标准值，否则适当扩大评价范围

  C. 声环境影响评价等级为一级的机场建设项目，其评价范围最远至主航迹下跑道两端各 12 km

  D. 机场周围飞机噪声评价范围应根据飞行量计算到 L_{WECPN} 为 75dB 的区域

58. 根据《环境影响评价技术导则声环境》，（　　）不属于声环境现状调查内容。

  A. 评价范围内的声环境功能区划

  B. 评价范围内的地貌特征、地形高差

  C. 建设项目所在区域的主要气象特征

  D. 评价范围内现有人群对噪声敏感程度的个体差异

59. 根据《环境影响评价技术导则声环境》，不符合声环境现状监测点布置原则的是（　　）。

  A. 布点应覆盖整个评价范围

  B. 为满足预测需要，可在评价范围内垂直于线声源不同距离处布设监测点

  C. 评价范围内没有明显声源，且声级较低时，可选择有代表性的区域布设测点

  D. 评价范围内有明显声源，且呈线声源特点时，受影响敏感目标处的现状声级均需实测

60. 根据《环境影响评价技术导则声环境》，（　　）属于新建铁路项目声环境现状评价内容。

  A. 拟建铁路噪声源特性分析

  B. 拟建铁路边界噪声达标情况

  C. 拟建铁路两侧敏感目标处现状噪声达标情况

  D. 拟建铁路两侧 4b 类声环境功能区达标情况

61. 根据《环境影响评价技术导则声环境》，可以采用点声源模式进行预测的是（　　）。

    A. 已知距卡车 1m 处的噪声级，预测距卡车 30m 处的噪声级

    B. 已知距卡车 30m 处的噪声级，预测距卡车 1m 处的噪声级

    C. 已知卡车声功率级，预测距卡车 1m 处的噪声级

    D. 已知卡车声功率级，预测距卡车 30m 处的噪声级

62. 根据《环境影响评价技术导则　声环境》，（　　）属于拟建停车场声环境影响评价内容。

    A. 场界噪声贡献值及周围敏感目标处噪声预测值达标情况

    B. 场界噪声预测值及周围敏感目标处噪声贡献值达标情况

    C. 分析施工场地边界噪声与《工业企业厂界环境噪声排放标准》的相符性

    D. 分析施工噪声对周围敏感目标的影响与《建筑施工场界噪声限值》的相符性

63. 某工厂技改前停止生产情况下，厂界外敏感目标处噪声背景值为 47dB，正常生产情况下噪声级为 50dB；技改后厂区噪声对该敏感目标的噪声贡献值为 53dB。根据《环境影响评价技术导则　声环境》，技改后该敏感目标处的声环境影响预测值为（　　）dB。

    A. 53 　　　　　　B. 54 　　　　　　C. 55 　　　　　　D. 56

二、不定项选择题（每题的备选项中至少有一个符合题意）

1. 按评价对象划分，声环境评价类别可分为（　　）。

    A. 固定声源的环境影响评价

    B. 建设项目声源对外环境的环境影响评价

    C. 流动声源的环境影响评价

    D. 外环境声源对需要安静建设项目的环境影响评价

2. 按声源种类划分，声环境评价类别可分为（　　）。

    A. 固定声源的环境影响评价

    B. 建设项目声源对外环境的环境影响评价

    C. 流动声源的环境影响评价

    D. 外环境声源对需要安静建设项目的环境影响评价

3. 根据 GB 3096，声环境功能区的环境质量评价量有（　　）。

    A. 昼间等效声级（L_d）　　　　　　B. 最大 A 声级（L_{max}）

    C. 夜间等效声级（L_n）　　　　　　D. 等效连续 A 声级（L_{eq}）

4. 根据《环境影响评价技术导则—声环境》（HJ 2.4—2009），声源源强表达量有（　　）。

A. 距离声源 r 处的 A 声级[L_A（r）]

B. 中心频率为 63 Hz～8 kHz 8 个倍频带的声功率级

C. A 声功率级（L_{AW}）

D. 等效连续 A 声级（L_{eq}）

E. 等效感觉噪声级（L_{EPN}）

5. 声环境评价量为最大 A 声级（L_{max}）的情况有（　　）。

A. 突发噪声　　　　　　　　　　B. 非稳态噪声

C. 室内噪声倍频带声压级　　　　D. 频发、偶发噪声

6. 工业企业厂界、建筑施工场界噪声评价量为（　　）。

A. 昼间等效声级（L_d）　　　　B. 等效连续 A 声级（L_{eq}）

C. 夜间等效声级（L_n）　　　　D. 室内噪声倍频带声压级

7. 铁路边界、城市轨道交通车站站台噪声评价量为（　　）。

A. 昼间等效声级（L_d）　　　　B. 等效感觉噪声级（L_{EPN}）

C. 夜间等效声级（L_n）　　　　D. 最大 A 声级（L_{max}）

8. "声环境质量预测"应该在（　　）环节之后进行。

A. 建设项目噪声贡献值预测　　　B. 声环境质量现状评价

C. 环境噪声现状调查　　　　　　D. 声环境影响评价

E. 声传播路径分析

9. "声环境质量现状评价"应该在（　　）基础上进行。

A. 声源调查　　　　　　　　　　B. 声传播路径分析

C. 敏感目标的分布、数量　　　　D. 声环境功能区确认

E. 声环境质量

10. 根据建设项目实施过程中噪声的影响特点，可按（　　）分别开展声环境影响评价。

A. 退役期　　　　　　　　　　　B. 施工期

C. 筹建期　　　　　　　　　　　D. 运行期

11. 运行期声源为流动声源时，应将（　　）分别作为环境影响评价时段。

A. 工程预测的运营时段　　　　　B. 工程预测的运行近期时段

C. 工程预测的运行中期时段　　　D. 工程预测的运行远期时段

12. 某建设项目的声环境影响评价工作等级为二级，判断的依据可能是（　　）。

A. 建设前后评价范围内敏感目标噪声级增高量达 5 dB（A）

B. 受噪声影响人口数量增加较多

C．建设项目投资额为中型规模

D．建设项目所处声环境功能区为 GB 3096 规定的 2 类地区

13．噪声评价工作等级划分的依据包括（　　　）。

A．建设项目所在区域的声环境功能区类别

B．按投资额划分建设项目规模

C．受建设项目影响人口的数量

D．建设项目建设前后所在区域的声环境质量变化程度

14．某建设项目的声环境影响评价工作等级为一级，判断的依据可能是（　　　）。

A．建设前后评价范围内敏感目标噪声级增高量达 5 dB（A）

B．受影响人口数量显著增多

C．评价范围内有对噪声有特别限制要求的保护区等敏感目标

D．建设项目所处声环境功能区为 GB 3096 规定的 1 类地区

15．某工业项目，与一级声环境评价范围相比，二级、三级可根据（　　　）情况适当缩小评价范围。

A．建设项目所在区域的声环境功能区类别

B．建设项目相邻区域的声环境功能区类别

C．敏感目标

D．投资规模

16．下列哪些内容属于三级声环境影响评价工作的基本要求？（　　　）

A．工程分析中，在缺少声源源强的相关资料时，应通过类比测量取得，并给出类比测量的条件

B．从声环境保护角度对工程可行性研究和评价中提出的不同选址（选线）和建设布局方案的环境合理性进行分析

C．评价范围内主要敏感目标的声环境质量现状以实测为主

D．要针对建设工程特点提出噪声防治措施并给予达标分析

E．噪声预测应给出建设项目建成后各敏感目标的预测值及厂界（或场界、边界）噪声值，分析敏感目标受影响的范围和程度

17．对于一级评价项目，下列（　　　）应绘制等声级线图。

A．固定声源评价　　　　　　　　B．机场周围飞机噪声评价

C．流动声源经过城镇建成区路段　　D．流动声源经过规划区路段

E．面声源

18．在工程分析中，下列（　　　）对于声环境各级评价都是需要的。

A．在缺少声源源强的相关资料时，应通过类比测量取得，并给出类比测量的条件

B. 给出建设项目对环境有影响的主要声源的数量、位置和声源源强

C. 在标有比例尺的图中标识固定声源的具体位置或流动声源的路线、跑道等位置

D. 针对建设工程特点提出噪声防治措施、达标分析，并进行经济和技术可行性论证

19. 针对建设项目的工程特点和所在区域的环境特征提出噪声防治措施，并要进行经济、技术可行性论证，给出防治措施的最终降噪效果和达标分析，这是（ ）评价的基本要求。

A. 一级   B. 二级   C. 三级   D. 四级

20. 对于噪声预测，下列（ ）是一级评价的基本要求。

A. 给出建设项目建成后不同类别的声环境功能区内受影响的人口分布、噪声超标的范围和程度

B. 给出各敏感目标的预测值和厂界（或场界、边界）噪声值

C. 固定声源评价、机场周围飞机噪声评价、流动声源经过城镇建成区和规划区路段的评价应绘制等声级线图

D. 噪声预测应覆盖全部敏感目标

E. 当敏感目标高于（不含）三层建筑时，应绘制垂直方向的等声级线图

21. 对于噪声预测，下列（ ）是二级评价的基本要求。

A. 给出建设项目建成后不同类别的声环境功能区内受影响的人口分布、噪声超标的范围和程度

B. 给出各敏感目标的预测值和厂界（或场界、边界）噪声值

C. 固定声源评价、机场周围飞机噪声评价、流动声源经过城镇建成区和规划区路段的评价应绘制等声级线图

D. 噪声预测应覆盖全部敏感目标

E. 当敏感目标高于（含）三层建筑时，应绘制垂直方向的等声级线图

22. 对于噪声预测，下列（ ）是三级评价的基本要求。

A. 给出建设项目建成后不同类别的声环境功能区内受影响的人口分布、噪声超标的范围和程度

B. 给出各敏感目标的预测值和厂界（或场界、边界）噪声值

C. 机场周围飞机噪声评价、流动声源的评价应绘制等声级线图

D. 噪声预测应覆盖全部敏感目标

E. 分析敏感目标受影响的范围和程度

23. 对工程预测的不同代表性时段噪声级可能发生变化的建设项目，应分别预测其不同时段的噪声级。这是（ ）评价的基本要求。

　　A．一级　　　　　B．二级　　　　　C．三级　　　　　D．四级

24．下列（　　）是一、二级声环境评价共有的基本要求。

　　A．固定声源评价、机场周围飞机噪声评价、流动声源经过城镇建成区和规划
　　　　区路段的评价应绘制等声级线图，当敏感目标高于（含）三层建筑时，还
　　　　应绘制垂直方向的等声级线图

　　B．应根据不同选址（选线）和建设布局方案噪声影响人口的数量和噪声影响
　　　　的程度进行比选，并从声环境保护角度提出最终的推荐方案

　　C．针对建设项目的工程特点和所在区域的环境特征提出噪声防治措施，并进
　　　　行经济、技术可行性论证，明确防治措施的最终降噪效果和达标分析

　　D．噪声预测应覆盖全部敏感目标，给出各敏感目标的预测值及厂界（或场界、
　　　　边界）噪声值

　　E．对工程预测的不同代表性时段噪声级可能发生变化的建设项目，应分别预
　　　　测其不同时段的噪声级

25．声环境现状调查的主要内容有（　　）。

　　A．现状声源　　　　　　　　　　B．敏感目标
　　C．声环境功能区划　　　　　　　D．影响声波传播的环境要素

26．影响声波传播的环境要素需调查建设项目所在区域的（　　）。

　　A．年平均风速　　　　　　　　　B．主导风向
　　C．年平均气温　　　　　　　　　D．年平均相对湿度

27．声环境功能区划需调查评价范围内（　　）。

　　A．不同区域的声环境功能区划情况　B．敏感目标
　　C．声环境功能区划图　　　　　　　D．各声环境功能区的声环境质量现状

28．声环境调查敏感目标主要包括的内容有（　　）。

　　A．敏感目标的名称
　　B．敏感目标的规模
　　C．敏感目标的人口分布
　　D．以图、表相结合的方式说明敏感目标与建设项目的关系

29．当建设项目所在区域的声环境功能区的声环境质量现状超过相应标准要求
或噪声值相对较高时，需对区域内主要声源的（　　）等相关情况进行调查。

　　A．名称　　　　　　　　　　　　B．数量
　　C．影响的噪声级　　　　　　　　D．位置

30．声环境现状调查的基本方法有（　　）。

　　A．现场调查法　　　　　　　　　B．经验估计法
　　C．收集资料法　　　　　　　　　D．现场测量法

31．下列关于声环境现状监测的布点原则，说法正确的有（　　）。

A．布点应覆盖整个评价范围，仅包括厂界（或场界、边界）

B．当敏感目标高于（含）三层建筑时，应选取有代表性的不同楼层设置测点

C．评价范围内没有明显的声源，且声级较低时，可选择有代表性的区域布设测点

D．评价范围内有明显的声源，并对敏感目标的声环境质量有影响，应根据声源种类采取不同的监测布点原则

32．当声源为流动声源，且呈现线声源特点时，现状测点位置选取应兼顾（　　），布设在具有代表性的敏感目标处。

A．工程特点　　　　　　　　　　　B．敏感目标的分布状况

C．线声源噪声影响随距离衰减的特点　D．敏感目标的规模

33．当声源为固定声源时，现状测点应重点布设在（　　）。

A．现有声源影响敏感目标处

B．可能既受到现有声源影响，又受到建设项目声源影响的敏感目标处

C．建设项目声源影响敏感目标处

D．有代表性的敏感目标处

34．下列关于声环境现状监测的布点原则，说法正确的有（　　）。

A．对于固定声源，为满足预测需要，可在距离现有声源不同距离处布设衰减测点

B．当敏感目标高于（含）二层建筑时，还应选取有代表性的不同楼层设置测点

C．对于流动声源，为满足预测需要，可选取若干线声源的垂线，在垂线上距声源不同距离处布设监测点

D．评价范围内没有明显的声源，但声级较高时，可选择有代表性的区域布设测点

35．声环境现状评价的主要内容有（　　）。

A．给出不同类别的声环境功能区噪声超标范围内的人口数及分布情况

B．分别评价不同类别的声环境功能区内各敏感目标的超标、达标情况，说明其受到现有主要声源的影响状况

C．分析评价范围内现有主要声源种类、数量及相应的噪声级、噪声特性等，明确主要声源分布

D．以图、表结合的方式给出评价范围内的声环境功能区及其划分情况

E．以图、表结合的方式给出评价范围内的现有敏感目标的分布情况

36．按声环境影响预测点的确定原则，（　　）应作为预测点。

A．建设项目厂界（或场界、边界）　　B．评价范围内的所有建筑物

C．建设项目中心点　　　　　　　　D．评价范围内的敏感目标

37．声环境预测需要的基础资料包括（　　）。

A．建设项目的声源资料　　　　　　B．敏感目标的规模

C．影响声波传播的各类参量　　　　D．建设项目的规模

38．建设项目的声源资料包括（　　）。

A．声源对敏感目标的作用时间段　　B．频率特性

C．声源的空间位置　　　　　　　　D．噪声级与发声持续时间

E．声源种类与数量

39．影响声波传播的各类参量包括（　　）。

A．所处区域常年平均气温、年平均湿度、年平均风速、主导风向

B．所处区域的人口分布情况

C．声源和预测点间障碍物的位置及长、宽、高等数据

D．声源和预测点间的地形、高差

E．声源和预测点间树林、灌木等的分布情况，地面覆盖情况

40．影响声波传播的各类参量应通过（　　）取得。

A．经验系数　　　　　　　　　　　B．现场调查

C．资料收集　　　　　　　　　　　D．类比分析

41．在声环境预测过程中遇到的声源往往是复杂的，需根据（　　）把声源简化成点声源，或线声源，或面声源。

A．声源的地理位置　　　　　　　　B．声源的性质

C．预测点与声源之间的距离　　　　D．设备的型号、种类

42．在下列（　　）情况下，声源可当做点声源处理。

A．预测点离开声源的距离比声源本身尺寸大得多时

B．声源中心到预测点之间的距离超过声源最大几何尺寸 2 倍时

C．声波波长远远小于声源几何尺寸时

D．声波波长远远大于声源几何尺寸时

43．户外声传播声级衰减的主要因素有（　　）。

A．屏障屏蔽　　　　　　　　　　　B．地面效应

C．几何发散　　　　　　　　　　　D．大气吸收

E．通过房屋群的衰减

44．工业噪声预测的内容包括（　　）。

A．厂界（或场界、边界）噪声预测

B．敏感目标噪声预测

C．绘制等声级线图

  D. 预测高层建筑有代表性的不同楼层所受的噪声影响

  E. 根据厂界（或场界、边界）和敏感目标受影响的状况，明确影响厂界（或场界、边界）和周围声环境功能区声环境质量的主要声源，分析厂界和敏感目标的超标原因

45. 下列哪些是公路、城市道路交通运输噪声预测的内容？（　　）

  A. 预测各预测点的贡献值、预测值、预测值与现状噪声值的差值

  B. 给出满足相应声环境功能区标准要求的距离

  C. 预测高层建筑有代表性的不同楼层所受的噪声影响

  D. 按预测值绘制代表性路段的等声级线图，分析敏感目标所受噪声影响的程度，确定噪声影响的范围，并说明受影响人口分布情况

  E. 给出评价范围内敏感目标的计权等效连续感觉噪声级

46. 机场飞机噪声预测的内容中，给出计权等效连续感觉噪声级（L_{WECPN}）等声级线图应该在（　　）地形图上绘制。

  A. 1∶50 000　　　　　　　　　B. 1∶100 000

  C. 1∶10 000　　　　　　　　　D. 1∶500 000

47. 下列（　　）是机场飞机噪声预测的内容。

  A. 在 1∶50 000 地形图上给出计权等效连续感觉噪声级（L_{WECPN}）为 70 dB、75 dB、80 dB、85 dB、90 dB 的等声级线图

  B. 给出评价范围内敏感目标的计权等效连续感觉噪声级（L_{WECPN}）

  C. 预测高层建筑有代表性的不同楼层所受的噪声影响

  D. 给出不同声级范围内的面积、户数、人口

  E. 依据评价工作等级要求，给出相应的预测结果

48. 下列（　　）是敏感建筑建设项目声环境影响预测的内容。

  A. 建设项目声源对项目及外环境的影响预测

  B. 外环境（如周边公路、工厂等）对敏感建筑建设项目的环境影响预测

  C. 计算建设项目主要声源对属于建设项目的敏感建筑的敏感目标的噪声影响

  D. 计算外环境声源对属于建设项目的敏感建筑的噪声影响

  E. 计算建设项目主要声源对建设项目周边的敏感目标的噪声影响

49. 声环境影响评价的主要内容包括（　　）。

  A. 评价方法和评价量　　　　　　B. 影响范围、影响程度分析

  C. 噪声超标原因分析　　　　　　D. 对策建议

50. 下列关于声环境评价量的说法，正确的有（　　）。

  A. 进行边界噪声评价时，新建建设项目以工程噪声预测值作为评价量

  B. 改扩建建设项目以工程噪声贡献值与受到现有工程影响的边界噪声值叠加

后的预测值作为评价量

C. 进行敏感目标噪声环境影响评价时，以敏感目标所受的噪声贡献值与背景噪声值叠加后的预测值作为评价量

D. 对于改扩建的公路、铁路等建设项目，如预测噪声贡献值时已包括了现有声源的影响，则以预测值作为评价量

51. 声环境影响评价的对策建议应包括（　　）。

A. 分析建设项目的选址（选线）、规划布局和设备选型等的合理性

B. 评价噪声防治对策的适用性和防治效果

C. 提出需要增加的噪声防治对策的建议

D. 提出需要增加的噪声污染管理、噪声监测及跟踪评价的建议

E. 提出需要增加的噪声监测及跟踪评价的建议

52. 根据《环境影响评价技术导则　声环境》，关于声环境现状监测布点，说法正确的有（　　）。

A. 厂界（或场界、边界）布设监测点

B. 覆盖整个评价范围

C. 代表性敏感点布设监测点

D. 必要时距离现有声源不同距离处布设监测点

53. 根据《环境影响评价技术导则　声环境》，三级声环境影响评价的基本要求有（　　）。

A. 必须绘制噪声等声级图

B. 必须预测防治措施的降噪效果

C. 必须实测主要敏感目标处的现状声级

D. 必须给出各敏感目标处的噪声预测值及厂界（或场界、边界）噪声值

54. 关于工业企业厂界噪声预测内容，符合《环境影响评价技术导则　声环境》要求的有（　　）。

A. 厂界噪声各倍频带声压级

B. 厂界噪声的最大值及位置

C. 叠加背景值后的厂界噪声值

D. 建设项目声源对厂界噪声的贡献值

参考答案

一、单项选择题

1. C　2. D

3. A　【解析】导则对于固定声源和点声源，流动声源和线声源有明确的定义。

4. D　5. C　6. D　7. C　8. B　9. C

10. B　【解析】声级起伏较大的噪声为非稳态噪声，非稳态噪声的评价量为最大A声级，电梯噪声属非稳态噪声。

11. C　12. D　13. A

14. A　【解析】项目建设前后评价范围内敏感目标噪声级增高达5 dB（A）以上[不含5 dB（A）]或受影响人口显著增多的情况，应按一级评价进行工作。新导则对于评价工作等级的划分主要从三个方面来判断（满足其中之一就可）：一是项目所处声环境功能区；二是建设前后评价范围内敏感目标噪声级增高量的大小，注意"敏感目标"；三是受建设项目影响人口的数量（具体影响人口数量多少导则没有界定）。

15. B　【解析】二级评价的划分条件之一：建设前后评价范围内敏感目标噪声级增高量为3～5 dB（A）[注意：含3 dB（A）和5 dB（A）]。

16. A　【解析】据"噪声级增高量为3～4dB（A）"划分，应为二级，但按"受影响人口数量显著增多"划分，应为一级。在确定评价工作等级时，如建设项目符合两个以上级别的划分原则，按较高级别的评价等级评价，因此，为一级。

17. B　【解析】按"所在的声环境功能区为3类区"划分应为三级。商场不是敏感目标，其噪声级增高量的大小不是划分评价等级的依据，只有"评价范围内敏感目标的噪声级增高量"才是划分的依据，居住区属敏感目标，以噪声级增高量为3～4 dB（A）来判断，应为二级。

18. B　【解析】建设项目所处声环境功能区为GB 3096规定的1类、2类地区，应按二级评价进行工作。1类区指适用于以居住、医疗卫生、文化教育、科研设计、行政办公为主的地区。2类区指适用于商业金融、集市贸易为主的地区，或者居住、商业、工业混杂区。

19. A　【解析】建设项目所处声环境功能区为GB 3096规定的0类功能区以及对噪声有特别限制要求的保护区等敏感目标，不管项目大小，都应按一级评价工作。

0 类地区指康复疗养区等要特别安静的地区。

20. B　【解析】大学所在区域属 1 类地区。

21. C　【解析】项目的大小不是划分评价等级的依据之一。

22. C　【解析】工业区属 GB 3096 规定的 3 类区。3 类区指工业生产、仓储物流为主要功能的地区。4 类区指交通干线两侧一定距离之内，需要防止交通噪声对周围环境产生严重影响的区域，包括 4a 类、4b 类两种类型（具体分类见 GB 3096—2008）。

23. C

24. B　【解析】城市道路、公路、铁路、城市轨道交通地上线路和水运线路等建设项目的评价范围属同一类型。

25. D　26. C　27. A　28. C

29. A　【解析】对敏感目标，二级评价以实测为主，可适当利用评价范围内已有的声环境质量监测资料。三级评价，可利用评价范围内已有的声环境质量监测资料，若无现状监测资料时应进行实测。

30. A　【解析】二级评价的基本要求是：根据评价需要绘制等声级线图。三级评级没有此要求。

31. D　32. A　33. B　34. C　35. D　36. D　37. B　38. C　39. D　40. B
41. A　42. D　43. C　44. B　45. D

46. A　【解析】进行边界噪声评价时，改扩建建设项目以工程噪声贡献值与受到现有工程影响的边界噪声值叠加后的预测值作为评价量。

47. C　48. D　49. A　50. A　51. B　52. C

53. C　【解析】2010 年考题。A 声级只是一种测量仪器得出的表达式，无法比较。

54. A　【解析】2010 年考题。高层建筑物，几何发散衰减亦即距离衰减是最主要的，其他是附带考虑的因素。

55. D　【解析】2010 年考题。选项 C 的正确说法是：运行期声源为流动声源时，将工程预测的代表性时段（近期、中期、远期）作为环境影响评价时段。

56. B

57. C　【解析】2010 年考题。选项 A 中，应为"道路中心线"。选项 B 的正确说法是：如依据建设项目声源计算得到的贡献值到 200 m 处，仍不能满足相应功能区标准值时，应将评价范围扩大到满足标准值的距离。选项 D 中，应为"70 dB"。

58. D

59. D　【解析】2010 年考题。当声源为流动声源，且呈现线声源特点时，现状测点位置选取应兼顾敏感目标的分布状况、工程特点及线声源噪声影响随距离衰减的特点，布设在具有代表性的敏感目标处。

60. A 　【解析】2010年考题。选项BCD属预测后的评价内容。

61. A 　【解析】2010年考题。本题考查点声源的概念。

62. A

63. B 　【解析】2010年考题。本题主要考察背景值、贡献值、预测值的含义及其应用，此题较灵活。由题中给出的信息可知，技改前厂区噪声对该敏感目标的噪声贡献值应为47 dB，技改后厂区噪声对该敏感目标的噪声贡献值为53 dB，两者相差6 dB，叠加后增加1 dB。

二、不定项选择题

1. BD　2. AC

3. ABC 　【解析】声环境功能区的环境质量评价量为昼间等效声级、夜间等效声级，突发噪声的评价量为最大A声级。

4. ABCE　5. ABCD　6. ACD　7. AC　8. ABCE　9. ACDE　10. BD
11. BCD　12. ABD　13. ACD　14. BC　15. ABC　16. ADE　17. ABCD

18. ABC 　【解析】复习时注意归纳总结各级评价的共同点和不同点。

19. AB 　【解析】三级评价的基本要求是：针对建设项目的工程特点和所在区域的环境特征提出噪声防治措施，并进行达标分析。三级评价没有对噪声防治措施要求进行经济、技术可行性论证。

20. ABCD

21. ABD 　【解析】对于二级评价项目，根据评价需要绘制等声级线图。A、B、D三选项的内容也是一级和二级评价在噪声预测方面的共同要求。

22. BE　23. AB

24. CDE 　【解析】A和B选项属一级评价的基本要求。另外，声环境质量现状一级评价需要实测，二级以实测为主。

25. ABCD　26. ABCD　27. AD　28. ABCD　29. ABCD　30. ACD

31. BCD 　【解析】选项A的正确说法是：布点应覆盖整个评价范围，包括厂界（或场界、边界）和敏感目标。

32. ABC　33. BD　34. AC

35. ABCDE 　【解析】简单来说，现状评价的主要内容有：（1）声环境功能区划分情况；（2）敏感目标的分布情况；（3）主要声源特性和分布；（4）各敏感目标的超标、达标情况；（5）功能区噪声超标范围内的人口数及分布情况。

36. AD　37. AC　38. ABCDE　39. ACDE　40. BC　41. BC　42. ABD

43. ABCDE 　【解析】其他衰减包括通过工业场所的衰减等。

44．ABCE　【解析】选项 D 是公路、城市道路交通运输噪声预测的内容。

45．ABC　【解析】选项 E 是机场飞机噪声预测的内容。选项 D 的错误在于：绘制代表性路段的等声级线图是按贡献值，而不是按预测值。

46．AC　47．ABDE

48．ABCDE　【解析】注意：属于建设项目的敏感建筑所受噪声影响是建设项目主要声源和外环境声源影响的叠加。

49．ABCD

50．BC　【解析】选项 A 的正确说法是"进行边界噪声评价时，新建建设项目以工程噪声贡献值作为评价量"。选项 D 的正确说法是"对于改扩建的公路、铁路等建设项目，如预测噪声贡献值时已包括了现有声源的影响，则以预测的噪声贡献值作为评价量"。

51．ABCDE

52．ABCD　【解析】2010 年考题。

53．D　【解析】2010 年考题。三级评价可以用现状监测资料。

54．BD　【解析】2010 年考题。注意预测值和贡献值的区别。

第二节　相关声环境标准

一、单项选择题（每题的备选项中，只有一个最符合题意）

1．0 类声环境功能区执行的环境噪声昼夜标准值分别是（　　）dB。

　A．70，55　　　　　B．65，55　　　　　C．50，40　　　　　D．60，50

2．1 类声环境功能区执行的环境噪声昼夜标准值分别是（　　）dB。

　A．55，45　　　　　B．65，55　　　　　C．50，40　　　　　D．60，50

3．2 类声环境功能区执行的环境噪声昼夜标准值分别是（　　）dB。

　A．50，40　　　　　B．65，55　　　　　C．55，45　　　　　D．60，50

4．3 类声环境功能区执行的环境噪声昼夜标准值分别是（　　）dB。

　A．55，45　　　　　B．65，55　　　　　C．50，40　　　　　D．60，50

5．4 类声环境功能区执行的环境噪声昼夜标准值分别是（　　）dB。

　A．70，55　　　　　B．65，55　　　　　C．70，60　　　　　D．60，50

6．以商业金融为主的区域执行的环境噪声昼夜标准值分别是（　　）dB。

　A．50，35　　　　　B．50，40　　　　　C．50，45　　　　　D．60，50

7．城市工业区执行的环境噪声昼夜标准值分别是（　　）dB。

　　A．55，45　　　　　B．65，55　　　　　C．50，40　　　　　D．60，50

8．城市居住、商业、工业混杂区执行的环境噪声昼夜标准值分别是（　　）dB。

　　A．55，45　　　　　B．65，55　　　　　C．50，40　　　　　D．60，50

9．城市康复疗养区执行的环境噪声昼夜标准值分别是（　　）dB。

　　A．55，45　　　　　B．65，55　　　　　C．50，40　　　　　D．60，50

10．铁路干线两侧区域执行的环境噪声昼夜标准值分别是（　　）。

　　A．60，50　　　　　B．65，55　　　　　C．70，55　　　　　D．70，60

11．城市居住区域执行的环境噪声昼夜标准值分别是（　　）dB。

　　A．50，40　　　　　B．55，45　　　　　C．70，55　　　　　D．70，60

12．4b 类声环境功能区环境噪声限值，适用于（　　）起环境影响评价文件通过审批的新建铁路（含新开廊道的增建铁路）干线建设项目两侧区域。

　　A．2008 年 10 月 1 日　　　　　　　　B．2009 年 1 月 1 日

　　C．2011 年 1 月 1 日　　　　　　　　　D．2012 年 1 月 1 日

13．某铁路项目穿越某市城区，于 2007 年 4 月 1 日建成，2008 年 12 月 30 日获得改建的环境影响评价的批文，则该铁路干线两侧区域不通过列车时的环境背景噪声限值，执行昼夜标准值分别是（　　）dB。

　　A．50，40　　　　　B．55，45　　　　　C．70，55　　　　　D．70，60

14．各类声环境功能区夜间突发的噪声，其最大值不准超过标准值（　　）dB。

　　A．10　　　　B．25　　　　C．20　　　　D．15

15．位于乡村的康复疗养区执行（　　）声环境功能区要求。

　　A．0 类　　　　B．1 类　　　　C．2 类　　　　D．3 类

16．乡村村庄原则上执行的环境噪声昼夜标准值分别是（　　）dB。

　　A．55，45　　　　C．50，40　　　　B．65，55　　　　D．60，50

17．乡村集镇执行的环境噪声昼夜标准值分别是（　　）dB。

　　A．55，45　　　　　B．65，55　　　　　C．50，40　　　　　D．60，50

18．乡村中，独立于村庄、集镇之外的工业、仓储集中区执行的环境噪声昼夜标准值分别是（　　）dB。

　　A．55，45　　　　　B．65，55　　　　　C．50，40　　　　　D．60，50

19．乡村中，位于交通干线两侧一定距离内的噪声敏感建筑物执行（　　）声环境功能区要求。

　　A．3 类　　　　　B．4 类　　　　　C．4a 类　　　　　D．4b 类

20．一般户外、噪声敏感建筑物户外、噪声敏感建筑物室内进行环境噪声的测量时，距地面高度的共同要求是（　　）。

　　A．≥1.2 m　　　　B．≥1.5 m　　　　C．≥1 m　　　　D．以上都不对

21．一般户外进行环境噪声的测量时，距离任何反射物（地面除外）至少（　　）以外测量，距地面高度 1.2 m 以上。

A．1.5 m　　　　　B．2.5 m　　　　　C．3.5 m　　　　　D．4 m

22．在一般户外进行环境噪声的测量时，如使用监测车辆测量，传声器应固定在车顶部（　　）高度处。

A．≥1.2 m　　　B．1.5 m　　　　C．1.2～1.5 m　　　D．1.2m

23．在噪声敏感建筑物户外进行环境噪声的测量时，在噪声敏感建筑物外，距墙壁或窗户（　　）处，距地面高度 1.2 m 以上测量。

A．1 m　　　　　B．1.2 m　　　　C．1.2～1.5 m　　　D．1.5m

24．在噪声敏感建筑物室内进行环境噪声的测量时，距离墙面和其他反射面至少 1 m，距窗约（　　）处，距地面 1.2～1.5 m 高测量。

A．1 m　　　　　B．1.2 m　　　　C．1.2～1.5 m　　　D．1.5m

25．居民、文教区执行城市区域铅垂向 Z 振级昼夜标准值分别是（　　）dB。

A．65，65　　　B．75，72　　　　C．70，65　　　　D．70，67

26．《城市区域环境振动标准》规定：每日发生几次的冲击振动，其最大值昼间不允许超过标准值（　　）dB，夜间不超过（　　）dB。

A．5，2　　　　B．12，5　　　　C．10，3　　　　D．15，5

27．某铁路干线两侧，每日发生几次的冲击振动，其最大值夜间不超过（　　）dB。

A．85　　　　B．83　　　　C．75　　　　D．78

28．铁路干线两侧执行城市区域铅垂向 Z 振级昼夜标准值分别是（　　）。

A．70，70　　　B．75，72　　　　C．80，80　　　　D．70，67

29．商业与居民混合区执行城市区域铅垂向 Z 振级昼夜标准值分别是（　　）dB。

A．75，65　　　B．75，72　　　　C．80，80　　　　D．70，67

30．交通干线道路两侧执行城市区域铅垂向 Z 振级昼夜标准值分别是（　　）dB。

A．75，65　　　B．75，72　　　　C．80，80　　　　D．70，67

31．《工业企业厂界环境噪声排放标准》规定了工业企业和固定设备（　　）环境噪声排放限值及其测量方法。

A．四周　　　　B．厂界　　　　C．区域　　　　D．范围

32．据《工业企业厂界环境噪声排放标准》，1 类声环境功能区执行厂界环境噪声昼夜排放限值分别是（　　）dB。

A．50，40　　　B．65，55　　　　C．55，45　　　　D．60，50

33．据《工业企业厂界环境噪声排放标准》，4 类声环境功能区执行厂界环境噪声昼夜排放限值分别是（　　）dB。

A．50，40　　　B．65，55　　　　C．70，60　　　　D．70，55

34. 据《工业企业厂界环境噪声排放标准》，夜间频发噪声的最大声级超过限值的幅度不得高于（　　）dB（A）。

　A. 20　　　　　　B. 5　　　　　　C. 15　　　　　　D. 10

35. 据《工业企业厂界环境噪声排放标准》，夜间偶发噪声的最大声级超过限值的幅度不得高于（　　）dB（A）。

　A. 20　　　　　　B. 5　　　　　　C. 15　　　　　　D. 10

36. 据《工业企业厂界环境噪声排放标准》，当厂界与噪声敏感建筑物距离小于（　　）时，厂界环境噪声应在噪声敏感建筑物的室内测量，并将相应噪声限值减（　　）作为评价依据。

　A. 1.5 m，10 dB（A）　　　　　B. 1 m，10 dB（A）

　C. 1 m，5 dB（A）　　　　　　 D. 2 m，5 dB（A）

37. 据《工业企业厂界环境噪声排放标准》，当厂界与噪声敏感建筑物距离小于 1m 时，厂界环境噪声应在（　　）测量。

　A. 厂界外 0.5 m　　　　　　　B. 噪声敏感建筑物的室内

　C. 噪声敏感建筑物的室外 0.2 m　　D. 噪声敏感建筑物的室外

38. 一般情况下，测点选在工业企业厂界外（　　）、高度（　　）以上、距任一反射面距离不小于 0.5m 的位置。

　A. 0.8 m，1 m　　B. 1.2 m，1 m　　C. 1 m，1.2 m　　D. 1.5 m，1.3 m

39. 室内噪声测量时，室内测量点位设在距任一反射面至少 0.5 m 以上、距地面 1.2 m 高度处，在（　　）状态下测量。

　A. 受噪声影响方向的窗户开启　　B. 受噪声影响方向的窗户关闭

　C. 未受噪声影响方向的窗户开启　　D. 未受噪声影响方向的窗户关闭

40. 当厂界有围墙且周围有受影响的噪声敏感建筑物时，测点应选在厂界外 1 m、高于围墙（　　）以上的位置。

　A. 0.2 m　　　　　B. 0.5 m　　　　　C. 0.8 m　　　　　D. 1 m

41.《建筑施工场界环境噪声排放标准》适用于（　　）建筑施工噪声排放的管理、评价及控制。

　A. 周围有噪声敏感建筑物的　　　B. 抢险施工过程中

　C. 抢险施工过程中　　　　　　　D. 所有

42.《建筑施工场界环境噪声排放标准》不适用于（　　）。

A. 通信工程施工过程中产生噪声的管理、评价及控制

B. 市政工程施工过程中产生噪声的管理、评价及控制

C. 抢修、抢险施工过程中产生噪声的管理、评价及控制

D. 交通工程施工过程中产生噪声的管理、评价及控制

43．据《建筑施工场界环境噪声排放标准》，建筑施工场界环境噪声排放限值是（　　）。

　　A．昼间≤70 dB（A）　　夜间≤50 dB（A）

　　B．昼间≤70 dB（A）　　夜间≤55 dB（A）

　　C．昼间≤60 dB（A）　　夜间≤50 dB（A）

　　D．昼间≤65 dB（A）　　夜间≤55 dB（A）

44．据《建筑施工场界环境噪声排放标准》，混凝土搅拌机在城市建筑施工时，噪声昼夜限值分别是（　　）dB。

　　A．75，55　　　　B．85，75　　　　C．65，55　　　　D．70，55

45．据《建筑施工场界环境噪声排放标准》，各种打桩机在城市建筑施工时，噪声昼夜限值分别是（　　）。

　　A．75 dB，禁止施工　　　　　　B．85 dB，禁止施工

　　C．70 dB，55 dB　　　　　　　　D．70 dB，60 dB

46．据《建筑施工场界环境噪声排放标准》，某建筑物施工时，场界距噪声敏感建筑物较近，其室外不满足测量条件，在噪声敏感建筑物室内测量，则所测场界噪声的评价依据为（　　）。

　　A．昼间≤60 dB（A）　　夜间≤50 dB（A）

　　B．昼间≤70 dB（A）　　夜间≤55 dB（A）

　　C．昼间≤60 dB（A）　　夜间≤45 dB（A）

　　D．昼间≤65 dB（A）　　夜间≤50 dB（A）

47．据《建筑施工场界环境噪声排放标准》，建筑施工场界夜间噪声最大声级超过限值的幅度不得高于（　　）dB（A）。

　　A．5　　　　　　B．10　　　　　　C．15　　　　　　D．20

48．据《建筑施工场界环境噪声排放标准》，背景噪声值比噪声测量值（　　）以上时，噪声测量值不做修正。

　　A．低 5 dB（A）　　　　　　　　B．低 10 dB（A）

　　C．高 5 dB（A）　　　　　　　　D．高 10 dB（A）

49．《社会生活环境噪声排放标准》（GB 22337—2008）的适用范围是（　　）。

　　A．营业性文化娱乐场所、事业单位、团体使用的向环境排放噪声的设备、设施的管理、评价与控制

　　B．营业性文化娱乐场所、商业经营活动中使用的向环境排放噪声的设备、设施的管理、评价与控制

　　C．营业性商业经营活动中使用的向环境排放噪声的设备、设施的管理、评价与控制

D. 营业性文化娱乐场所、商业经营活动中使用的向环境排放噪声的设备、设施的评价

50．据《社会生活环境噪声排放标准》，某电影院附近 10 m 处有一所医院，则该电影院执行的昼夜噪声排放限值分别是（　　　）dB。

　A. 55，45　　　　　B. 50，40　　　　　C. 60，50　　　　　D. 65，55

51．据《社会生活环境噪声排放标准》，某文化娱乐设施拟建在物流中心内，则该文化娱乐设施执行的昼夜噪声排放限值分别是（　　　）dB。

　A. 55，45　　　　　B. 50，40　　　　　C. 60，50　　　　　D. 65，55

52．据《社会生活环境噪声排放标准》，某商场拟建在城市快速路附近，则该商场执行的昼夜噪声排放限值分别是（　　　）dB。

　A. 50，40　　　　　B. 55，45　　　　　C. 65，55　　　　　D. 70，55

53．据《社会生活环境噪声排放标准》，某卡拉 OK 厅拟建在铁路干线南侧区域，环境影响评价时，则该卡拉 OK 厅执行的昼夜噪声排放限值分别是（　　　）dB。

　A. 55，45　　　　　B. 60，50　　　　　C. 70，60　　　　　D. 70，55

54．据《社会生活环境噪声排放标准》，某卡拉 OK 厅拟建在乡村集镇内，环境影响评价时，则该卡拉 OK 厅执行的昼夜噪声排放限值分别是（　　　）dB。

　A. 55，45　　　　　B. 60，50　　　　　C. 70，60　　　　　D. 70，55

55．据《社会生活环境噪声排放标准》，某电影院拟建在乡村村庄内，环境影响评价时，则该电影院执行的昼夜噪声排放限值分别是（　　　）dB。

　A. 55，45　　　　　B. 60，50　　　　　C. 70，60　　　　　D. 70，55

56．据《社会生活环境噪声排放标准》，某歌舞厅位于居住、商业、工业混杂区，距最近的住宅楼只有 0.9 m，则该歌舞厅执行的昼夜噪声排放限值分别是（　　　）dB。

　A. 55，45　　　　　B. 50，40　　　　　C. 60，50　　　　　D. 65，55

57．据《社会生活环境噪声排放标准》，在社会生活噪声排放源边界处无法进行噪声测量或测量的结果不能如实反映其对噪声敏感建筑物的影响程度的情况下，噪声测量应在可能受影响的敏感建筑物（　　　）进行。

　A. 窗内 1 m 处　　　　　　　　　B. 窗外 1.2 m 处

　C. 窗外 1 m 处　　　　　　　　　D. 窗外 1.5 m 处

58．据《社会生活环境噪声排放标准》，社会生活环境噪声测量应在无雨雪、无雷电天气，风速为（　　　）以下时进行。

　A. 2 m/s　　　　　B. 3 m/s　　　　　C. 4 m/s　　　　　D. 5 m/s

59．据《社会生活环境噪声排放标准》，在社会生活噪声排放源测点布设时，一般情况下，测点选在社会生活噪声排放源边界外（　　　）、高度（　　　）以上、距任一反射面距离不小于 0.5m 的位置。

A. 1 m，1.5 m
B. 1 m，1.2 m
C. 1.2 m，1.5 m
D. 1 m，1 m

60．据《社会生活环境噪声排放标准》，在社会生活噪声排放源测点布设时，当边界有围墙且周围有受影响的噪声敏感建筑物时，测点应选在边界外 1 m、高于围墙（   ）以上的位置。

A. 0.5 m
B. 0.8 m
C. 1 m
D. 1.2 m

61．据《社会生活环境噪声排放标准》，在社会生活噪声排放源测点布设时，当边界无法测量到声源的实际排放状况时（如声源位于高空、边界设有声屏障等），除按一般情况设置测点外，同时在受影响的噪声敏感建筑物（   ）另设测点。

A. 户内 1 m 处
B. 户外 1.5 m 处
C. 户外 2 m 处
D. 户外 1 m 处

62．据《社会生活环境噪声排放标准》，在社会生活噪声排放源测点布设时，室内噪声测量点位置设在距任一反射面至少 0.5 m 以上、距地面 1.2 m 高度处，在（   ）测量。

A. 未受噪声影响方向的窗户开启状态下
B. 受噪声影响方向的窗户关闭状态下
C. 受噪声影响方向的窗户开启状态下
D. 未受噪声影响方向的窗户关闭状态下

63．据《社会生活环境噪声排放标准》，社会生活噪声排放源的固定设备结构传声至噪声敏感建筑物室内，在噪声敏感建筑物室内测量时，测点应距任一反射面至少 0.5 m、距地面 1.2 m、距外窗 1 m 以上，（   ）测量。

A. 窗户关闭状态下
B. 窗户半开启状态下
C. 窗户开启状态下
D. 窗户外

64．据《社会生活环境噪声排放标准》，对于社会生活噪声排放源的测量结果，噪声测量值与背景噪声值相差（   ）时，噪声测量值不做修正。

A. 大于 5 dB（A）
B. 大于 8 dB（A）
C. 大于 10 dB（A）
D. 大于 15 dB（A）

65．据《社会生活环境噪声排放标准》，对于社会生活噪声排放源的测量结果，噪声测量值与背景噪声值相差在（   ）时，噪声测量值应进行修正。

A. 3～10 dB（A）
B. 2～10 dB（A）
C. 5～10 dB（A）
D. 6～10 dB（A）

66．据《社会生活环境噪声排放标准》，某社会生活噪声排放源测量值为 53.6 dB（A），背景噪声值为 50.1 dB（A），则噪声测量值修正后为（   ）。

A. 53.6 dB（A）　　　　　　　　　　　B. 51.6 dB（A）

C. 50.6 dB（A）　　　　　　　　　　　D. 52.6 dB（A）

67. 据《社会生活环境噪声排放标准》，某社会生活噪声排放源测量值为 60.1 dB（A），背景噪声值为 55.1 dB（A），则噪声测量值修正后为（　　　）。

A. 58.1 dB（A）　　　　　　　　　　　B. 60.1 dB（A）

C. 55.1 dB（A）　　　　　　　　　　　D. 59.1 dB（A）

68. 据《社会生活环境噪声排放标准》，某社会生活噪声排放源测量值为 65.4 dB（A），背景噪声值为 57.1 dB（A），则噪声测量值修正后为（　　　）。

A. 62.4 dB（A）　　　　　　　　　　　B. 64 dB（A）

C. 63.4 dB（A）　　　　　　　　　　　D. 64.4 dB（A）

69. 依据《工业企业厂界环境噪声排放标准》，某企业空压机房邻近厂界，评价该处厂界环境噪声测量结果时，必须采用的评价量是（　　　）。

A. 昼间、夜间声压级和昼间、夜间最大声级

B. 昼间、夜间等效连续 A 声级和夜间最大声级

C. 昼间、夜间等效连续 A 声级和昼间最大声级

D. 昼间、夜间倍频带声压级和昼间、夜间最大声级

70. 依据《社会生活环境噪声排放标准》，评价商场楼顶空调冷却塔噪声对临近居民住宅楼影响时，必须选择的评价量是（　　　）。

A. 昼间、夜间等效声级　　　　　　　B. 冷却塔工作时段等效声级

C. 昼间、夜间最大声级　　　　　　　D. 冷却塔昼间工作时段最大声级

71. 依据《声环境质量标准》，在进行环境噪声测量时，以下噪声监测点布置正确的是（　　　）。

A. 一般户外测点距离任何反射面（含地面）1.0 m

B. 在噪声敏感建筑物外，测点距墙壁或窗户 1 m，距地面 1.2 m 以上

C. 在噪声敏感建筑物室内，测点距离墙面或其他反射面 0.5 m

D. 在噪声敏感建筑物室内，关闭门窗情况下，测点布置于室内中央，距地面 1.2 m 以上

72. 平原地区城市轨道交通（地面段）经过 1 类声环境功能区，依据《声环境质量标准》，距外侧轨道中心线 30 m 处的临街建筑对应的声环境功能区类别应是（　　　）类。

A. 1　　　　　　B. 2　　　　　　C. 4a　　　　　　D. 4b

73. 位于城市商业中心区的居民住宅，在《城市区域环境振动标准》中对应的"适用地带范围"是（　　　）。

A. 特殊住宅区　　　　　　　　　　　B. 居民、文教区

C. 混合区、商业中心区　　　　　　　D. 工业集中区

74. 以下噪声源适用《社会生活环境噪声排放标准》的是（　　）。

　　A. 学校广播喇叭　　　　　　　　　B. 商场广播喇叭

　　C. 机车风笛　　　　　　　　　　　D. 工厂广播喇叭

75. 位于 1 类声环境功能区的某居民住宅楼 1 层为文化娱乐厅，依据《社会生活环境噪声排放标准》，评价该居民住宅楼卧室受文化娱乐厅固定设备结构传播噪声影响的等效声级不得超过（　　）。

　　A. 昼间 40dB、夜间 30dB　　　　　B. 昼间 45dB、夜间 35dB

　　C. 昼间 50dB、夜间 40dB　　　　　D. 昼间 55dB、夜间 45dB

76. 机场周围区域拟建一建筑材料厂，该厂运行期的声环境影响评价应执行的标准为（　　）。

　　A.《建筑施工场界噪声限值》《声环境质量标准》

　　B.《工业企业厂界环境噪声排放标准》《声环境质量标准》

　　C.《建筑施工场界噪声限值》《机场周围飞机噪声环境标准》

　　D.《工业企业厂界环境噪声排放标准》《机场周围飞机噪声环境标准》

77. 根据《工业企业厂界环境噪声排放标准》，邻近货场货物装卸区一侧厂界处夜间噪声评价量应包括（　　）。

　　A. 频发声级和偶发声级　　　　　　B. 脉冲声级和最大声级

　　C. 等效声级和最大声级　　　　　　D. 稳态声级和非稳态声级

78. 某娱乐场所边界背景噪声值为 52 dB，正常营业时噪声测量值为 54 dB。根据《社会生活环境噪声排放标准》，确定该娱乐场所在边界处排放的噪声级时测量结果的修正为（　　）。

　　A. 无需修正　　　　　B. 修正值为 −3 dB　　　　　C. 修正值 −4 dB

　　D. 应采取措施降低背景噪声后重新测量，再按要求进行修正

79. 下列环境噪声监测点布设符合《声环境质量标准》的是（　　）。

　　A. 一般户外测点距任何反射面 1 m 处，距地面高度 1.0 m 以上

　　B. 噪声敏感建筑物户内测点距墙壁或窗户 1 m 处，距地面高度 1.2 m 以上

　　C. 噪声敏感建筑物户外测点距墙壁或窗户 1 m 处，距地面高度 1.2 m 以上

　　D. 噪声敏感建筑物户内、户外测点均需距墙壁或窗户 1 m 处，距地面高度 1.2 m 以上

二、不定项选择题（每题的备选项中至少有一个符合题意）

1. 下列情况中不适用于《声环境质量标准》的是（　　）。

　　A. 五类声环境功能区的环境噪声限值

B．声环境质量评价与管理

C．五类声环境功能区的环境噪声测量方法

D．机场周围区域受飞机通过（起飞、降落、低空飞越）噪声的评价与管理

2．据《声环境质量标准》，下列（　　）情况，铁路干线两侧区域不通过列车时的环境背景噪声限值按 4a 执行。

A．2010 年 12 月 31 日后建成运营的铁路

B．对穿越城区的既有铁路干线进行改建的铁路建设项目

C．2011 年 1 月 1 日后建成运营的铁路

D．穿越城区的既有铁路干线

E．对穿越城区的既有铁路干线进行扩建的铁路建设项目

3．据《声环境质量标准》，下列哪些交通干线两侧一定距离之内属 4a 类声环境功能区？（　　）

A．城市轨道交通（地面段）　　　　B．内河航道两侧区域

C．城市快速路　　　　　　　　　　D．二级公路

E．铁路干线

4．据《声环境质量标准》，下列（　　）情况，交通干线两侧一定距离之内的环境噪声限值按昼间 70 dB（A），夜间 55 dB（A）执行。

A．高速公路　　　　　　　　　　　B．一级公路

C．城市次干路　　　　　　　　　　D．城市主干路

E．2010 年 10 月 1 日获得环境影响评价文件审批的铁路干线

5．《工业企业厂界环境噪声排放标准》规定了（　　）。

A．工业企业和固定设备厂界环境噪声排放限值

B．商业经营活动中可能产生环境噪声污染的设备、设施边界噪声排放限值

C．工厂及有可能造成噪声污染的企事业单位的边界噪声排放限值

D．工业企业和固定设备厂界环境噪声测量方法

6．《工业企业厂界环境噪声排放标准》适用于对（　　）。

A．营业性文化娱乐场所使用的向环境排放噪声的设备、设施的管理、评价

B．工业企业噪声排放的管理、评价及控制

C．工厂及有可能造成噪声污染的企事业单位的边界噪声排放限值

D．机关、事业单位、团体等对外环境排放噪声的单位

7．据《工业企业厂界环境噪声排放标准》，下列关于工业企业厂界环境噪声测量结果评价的说法，错误的有（　　）。

A．同一测点每天的测量结果按昼间、夜间进行评价

B．各个测点的测量结果加权后评价

C. 最小声级 L_{min} 直接评价

D. 各个测点的测量结果应单独评价

8. 以下哪些行为不属于《建筑施工场界环境噪声排放标准》的适用范围？（　　）

A. 抢修施工过程中产生噪声的排放监管

B. 抢险施工过程中产生噪声的排放监管

C. 已竣工交付使用的住宅楼进行室内装修活动

D. 某建筑物在学校附近进行基础工程施工

9. 据《建筑施工场界环境噪声排放标准》，关于场界噪声的测量，说法错误的有（　　）。

A. 测量应在无雨雪、无雷电天气，风速为 5 m/s 以下时进行

B. 测点应设在对噪声敏感建筑物影响较大、距离适中的位置

C. 施工期间，测量连续 10 min 的等效声级，夜间同时测量最大声级

D. 背景噪声测量,稳态噪声测量1 min 的等效声级,非稳态噪声测量20 min 的等效声级

10. 据《建筑施工场界环境噪声排放标准》，关于场界噪声测量结果评价的有关规定，说法正确的有（　　）。

A. 各个测点的测量结果应单独评价

B. 各个测点的测量结果应平均后评价

C. 最大声级 L_{Amax} 平均后评价

D. 最大声级 L_{Amax} 直接评价

11. 下列行为中适用于《社会生活环境噪声排放标准》（GB 22337—2008）的是（　　）。

A. 机关单位对外环境排放噪声的评价

B. 营业性文化娱乐场所使用的向环境排放噪声的设备、设施的评价

C. 商业经营活动中使用的向环境排放噪声的设备、设施的管理、控制

D. 事业单位对外环境排放噪声的管理

12. 下列活动（场所）中适用于《社会生活环境噪声排放标准》（GB 22337—2008）的是（　　）。

A. 商场 　　　　　　　　　　B. 高等院校

C. 电影院 　　　　　　　　　D. 歌舞厅

E. 正在施工的歌舞厅

13. 据《社会生活环境噪声排放标准》，下列关于社会生活环境噪声测量条件的说法，正确的有（　　）。

A. 测量应在无雨雪、无雷电天气、无风时进行

　　B．不得在特殊气象条件下测量

　　C．测量应在被测声源正常工作时间进行，同时注明当时的工况

　　D．测量应在无雨雪、无雷电、无霜天气，风速为 5 m/s 以下时进行

　　E．不得不在特殊气象条件下测量时，应采取必要措施保证测量准确性，同时注明当时采取的措施及气象情况

14．据《社会生活环境噪声排放标准》，在社会生活噪声排放源边界布设多个测点时，其中应包括（　　）的位置。

　　A．距噪声敏感建筑物较近　　　　　　B．距噪声敏感建筑物较远

　　C．受被测声源影响大　　　　　　　　D．受被测声源影响小

15．据《社会生活环境噪声排放标准》，下列关于社会生活环境噪声测点位置的说法，正确的有（　　）。

　　A．社会生活噪声排放源的固定设备结构传声至噪声敏感建筑物室内，在噪声敏感建筑物室内测量时，被测房间内的电视机应关闭

　　B．一般情况下，测点选在社会生活噪声排放源边界外 1 m、高度 1.2 m 以上、距任一反射面距离不小于 1.2 m 的位置

　　C．当声源边界设有声屏障时，除按一般情况设置测点，同时应在受影响的噪声敏感建筑物户外 1 m 处另设测点

　　D．室内噪声测量时，室内测量点位设在距任一反射面至少 1 m 以上、距地面 1.2 m 高度处，在受噪声影响方向的窗户开启状态下测量

16．据《社会生活环境噪声排放标准》，下列关于社会生活环境噪声测量时段的说法，错误的有（　　）。

　　A．分别在昼间、夜间两个时段测量

　　B．夜间如有频发、偶发噪声影响时应同时测量最小声级

　　C．被测声源是非稳态噪声，采用 1 min 的等效声级

　　D．被测声源是非稳态噪声，测量被测声源有代表性时段的等效声级，必要时测量被测声源整个正常工作时段的等效声级

17．据《社会生活环境噪声排放标准》，下列关于社会生活环境噪声背景噪声测量的说法，正确的有（　　）。

　　A．背景噪声测量时段时间长度应大于被测声源测量的时间长度

　　B．背景噪声测量时段时间长度应等于被测声源测量的时间长度

　　C．背景噪声测量时段时间长度应小于被测声源测量的时间长度

　　D．背景噪声测量环境应不受被测声源影响且其他声环境与测量被测声源时保持一致

18．据《社会生活环境噪声排放标准》，下列关于社会生活环境噪声测量结果评

价的说法，正确的有（　　　）。

A. 同一测点每天的测量结果按昼间、夜间进行评价

B. 各个测点的测量结果加权后评价

C. 最大声级 L_{max} 直接评价

D. 各个测点的测量结果应单独评价

19.《声环境质量标准》适用的区域包括（　　　）。

A. 城市规划区

B. 乡村

C. 铁路干线两侧

D. 机场周围受飞机通过所产生噪声影响的区域

E. 内河航道两侧

20. 以下属于《工业企业厂界环境噪声排放标准》规定的内容有（　　　）。

A. 工业企业和固定设备厂界昼间最大声级限值

B. 工业企业和固定设备厂界环境噪声排放限值

C. 工业企业和固定设备厂界环境噪声测量方法

D. 工业企业和固定设备厂界环境噪声测量结果修正方法

21. 依据《工业企业厂界环境噪声排放标准》，以下厂界环境噪声测量方法正确的是（　　　）。

A. 测量应在无雨雪、无雷电、风速小于 10 m/s 的天气下进行

B. 当厂界有围墙，应在厂界外 1 m、高于围墙 0.5 m 以上位置设置测点

C. 每次测量前、后在测量现场应对测量仪器进行声学校准，前、后校准示值偏差不得大于 1.0 dB

D. 当厂界设有声屏障，除在厂界外 1 m、高度 1.2 m 以上设置测点外，同时在受影响敏感建筑物户外 1 m 处另设测点

22. 根据《声环境质量标准》，关于 2 类声环境功能区突发噪声限值，说法正确的有（　　　）。

A. 昼间突发噪声最大声级不高于 75 dB

B. 夜间突发噪声最大声级不高于 65 dB

C. 昼间突发噪声最大声级不高于 70 dB

D. 夜间突发噪声最大声级不高于 60 dB

23. 下列产生结构传播噪声的声源中，适用《工业企业厂界环境噪声排放标准》的有（　　　）。

A. 铁路列车　　　　　　　　　　B. 燃气轮机

C. 住宅楼集中供热水泵　　　　　D. 罗茨风机

参考答案

一、单项选择题

1. C　2. A

3. D　【解析】除 4a 类环境区域的昼夜标准值相差 15 dB，其他类别昼夜标准值相差 10 dB。每类的昼夜标准值依次相差 5 dB，当然 3 类和 4a 类的夜间标准值 55 dB 是不变的。也就是说记住了 0 类昼夜标准值 50 dB 和 40 dB，按上述原则可推出其他类别的昼夜标准值。

4. B　5. A　6. D

7. B　【解析】城市工业区属 3 类区。

8. D　【解析】城市居住、商业、工业混杂区属 2 类区。

9. C　【解析】0 类声环境功能区指康复疗养区等特别需要安静的区域。

10. D　【解析】4b 类标准适用于铁路干线两侧区域。4a 类标准适用于高速公路、一级公路、二级公路、城市快速路、城市主干路、城市次干路、城市轨道交通（地面段）、内河航道两侧区域。

11. B　【解析】1 类标准适用于以居民住宅、医疗卫生、文化教育、科研设计、行政办公为主要功能，需要保持安静的区域。

12. C

13. C　【解析】下列两种情况，铁路干线两侧区域不通过列车时的环境背景噪声限值按昼间 70 dB（A），夜间 55 dB（A）执行。一是穿越城区的既有铁路干线；二是对穿越城区的既有铁路干线进行改建、扩建的铁路建设项目。既有铁路是指 2010 年 12 月 31 日前已建成运营的铁路或环境影响评价文件已通过审批的铁路建设项目。

14. D

15. A　【解析】位于乡村的康复疗养区执行 0 类声环境功能区要求。

16. A　【解析】村庄原则上执行 1 类声环境功能区要求，工业活动较多的村庄以及有交通干线经过的村庄（指执行 4 类声环境功能区要求以外的地区）可局部或全部执行 2 类声环境功能区要求。

17. D　【解析】集镇执行 2 类声环境功能区要求。

18. B　【解析】独立于村庄、集镇之外的工业、仓储集中区执行 3 类声环境功能区要求。

19. B　【解析】位于交通干线两侧一定距离（参考 GB/T 15190 第 8.3 条规定）

内的噪声敏感建筑物执行 4 类声环境功能区要求。GB/T 15190 即《城市区域环境噪声适用区划分技术规范》，该规范的第 8.3 条明确了 4 类标准适用区域的划分，其中包含了道路交通干线两侧区域的划分、铁路（含轻轨）两侧区域的划分、内河航道两侧区域的划分。该题并未明确属哪类交通干线两侧，因此，选 B 是合适的。

20．A 21．C 22．D 23．A 24．D

25．D 【解析】此知识的记忆要点是：①特殊住宅区执行的昼夜标准值相同，65 dB；铁路干线两侧执行的昼夜标准值相同，80 dB。②混合区、商业中心区、工业集中区、交通干线道路两侧执行的昼夜标准值相同，都是 75 dB（昼），72 dB（夜）。③居民、文教区执行的昼夜标准值分别是 70 dB，67 dB。

26．C

27．B 【解析】《城市区域环境振动标准》规定：每日发生几次的冲击振动，其最大值昼间不允许超过标准值 10 dB，夜间不超过 3 dB。而铁路干线两侧执行的铅垂向 Z 振级标准值昼夜值都是 80 dB。

28．C 29．B 30．B 31．B

32．C 【解析】《工业企业厂界环境噪声排放标准》《社会生活环境噪声排放标准》《声环境质量标准》的比较：①适用的类别都是用阿拉伯字母表示。以前的排放标准是用希腊字母表示。②适用的类别都是五类，但是《声环境质量标准》的 4 类再分了 4a 类和 4b 类。③各种类别的昼间夜间标准值两者基本一致。各类标准适用范围基本一致。

各种类别的昼间夜间标准值请各位考生记住，因为考试大纲在三个标准中都有相应的要求。

环境噪声限值（《声环境质量标准》） 单位：dB（A）

类别		昼间	夜间
0		50	40
1		55	45
2		60	50
3		65	55
4	4a	70	55
	4b	70	60

▲五种类型声环境功能区适用范围：

按区域的使用功能特点和环境质量要求，声环境功能区分为以下五种类型：

0 类声环境功能区：指康复疗养区等特别需要安静的区域。

1 类声环境功能区：指以居民住宅、医疗卫生、文化教育、科研设计、行政办公为主要功能，需要保持安静的区域。

2 类声环境功能区：指以商业金融、集市贸易为主要功能，或者居住、商业、工业混杂，需要维护住宅安静的区域。

3 类声环境功能区：指以工业生产、仓储物流为主要功能，需要防止工业噪声对周围环境产生严重影响的区域。

4 类声环境功能区：指交通干线两侧一定距离之内，需要防止交通噪声对周围环境产生严重影响的区域，包括 4a 类和 4b 类两种类型。4a 类为高速公路、一级公路、二级公路、城市快速路、城市主干路、城市次干路、城市轨道交通（地面段）、内河航道两侧区域；4b 类为铁路干线两侧区域。

工业企业厂界和社会生活噪声排放源边界噪声排放限值　　　单位：dB（A）

类别	昼间	夜间
0	50	40
1	55	45
2	60	50
3	65	55
4	70	55

33. D　34. D　35. C　36. B　37. B

38. C　【解析】《工业企业厂界环境噪声排放标准》和《社会生活环境噪声排放标准》中的测量方法基本相同。对于本标准考试大纲仅作"了解"，而《社会生活环境噪声排放标准》对此部分内容的要求是"熟悉"，因此，大部分习题在《社会生活环境噪声排放标准》中出现。

39. A　40. B

41. A　【解析】噪声敏感建筑物是指医院、学校、机关、科研单位、住宅等需要保持安静的建筑物。该标准不适用于抢修、抢险施工过程中产生噪声的排放监管。

42. C【解析】市政、通信、交通、水利等其他类型的施工噪声排放可参照本标准执行。

43. B　44. D　45. C

46. C　【解析】当场界距噪声敏感建筑物较近，其室外不满足测量条件时，可在噪声敏感建筑物室内测量，并将相应的限值减 10 dB（A）作为评价依据。

47. C　48. B　49. B　50. A

51. D　【解析】物流中心属 3 类声环境功能区，执行 3 类标准。

52. D

53．D　【解析】铁路干线两侧区域属4b类声环境功能区，但《社会生活环境噪声排放标准》中的边界噪声排放限值只有4类，没有细分，因此，答案为D非C。

54．B　【解析】据《声环境质量标准》（GB 3096—2008）乡村声环境功能的确定原则是：集镇执行2类声环境功能区要求。因此，答案为B。

55．A　【解析】据《声环境质量标准》（GB 3096—2008）乡村声环境功能的确定原则是：村庄原则上执行1类声环境功能区要求，工业活动较多的村庄以及有交通干线经过的村庄（指执行4类声环境功能区要求以外的地区）可局部或全部执行2类声环境功能区要求。因此，答案为A。

56．B　【解析】居住、商业、工业混杂区属2类声环境功能区，边界外执行2类标准（60 dB，50 dB），但因为距最近的住宅楼只有0.9 m，小于1 m，按《社会生活环境噪声排放标准》的4.1.3规定："当社会生活噪声排放源边界与噪声敏感建筑物距离小于1 m时，应在噪声敏感建筑物的室内测量，并将相应的边界噪声排放限值减10 dB（A）作为评价依据。"因此，答案为B。

57．C　58．D　59．B　60．A　61．D　62．C　63．A　64．C　65．A

66．C　【解析】噪声测量值与背景噪声值相差3.5 dB（A），取整后为3 dB（A），则修正值为−3，噪声测量值修正后为50.6 dB（A）。

67．A　【解析】噪声测量值与背景噪声值相差5 dB（A），取整后为5 dB（A），则修正值为−2，噪声测量值修正后为58.1 dB（A）。

68．D　【解析】噪声测量值与背景噪声值相差8.1 dB（A），取整后为8 dB（A），则修正值为−1，噪声测量值修正后为64.4 dB（A）。

69．B　【解析】2009年考题。空压机属突发噪声。除测量昼间、夜间等效连续A声级外，夜间有频发、偶发噪声影响时同时测量最大声级。

70．A　【解析】2009年考题。空调冷却塔噪声属于稳态噪声。

71．B　【解析】2009年考题。选项A应为"3.5 m"，选项C应为"1 m"，选项D在《声环境质量标准》中没有此说法。

72．C　【解析】2009年考题。4b类为铁路干线两侧区域。

73．C　【解析】2009年考题。"城市商业中心区的居民住宅"属"混合区"。

74．B

75．A　【解析】2009年考题。1类声环境功能区边界噪声排放限值为：昼间55 dB、夜间45 dB。1类声环境功能区固定设备结构传播室内噪声排放限制A类房间为昼间40 dB、夜间30 dB。此题考查得较细。

76．D

77．C　【解析】2010年考题。货场货物装卸属频发噪声，夜间有频发、偶发噪声影响时同时测量最大声级。

78. D 【解析】2010 年考题。本题考察测量结果的修正要求，有三种情况。

79. C 【解析】2010 年考题。此题考查很细，类似于不定项选择题。选项 A 的正确说法是：距离任何反射物（地面除外）至少 3.5 m 外测量，距地面高度 1.2 m 以上；选项 B、D 的正确说法是：噪声敏感建筑物户内，距离墙面和其他反射面至少 1 m，距窗约 1.5 m 处，距地面 1.2～1.5 m 高；噪声敏感建筑物户外，在噪声敏感建筑物外，距墙壁或窗户 1 m 处，距地面高度 1.2 m 以上。

二、不定项选择题

1. D　2. BDE　3. ABCD　4. ABCDE

5. AD 【解析】《工业企业厂界环境噪声排放标准》将《工业企业厂界噪声标准》（GB 12348—90）和《工业企业厂界噪声测量方法》（GB 12349—90）合并为一个标准，名称也相应改变了。

6. BD　7. BC

8. ABC 【解析】建筑施工是指工程建设实施阶段的生产活动，是各类建筑物的建造过程，包括基础工程施工、主体结构施工、屋面工程施工、装饰工程施工（已竣工交付使用的住宅楼进行室内装修活动除外）等。

9. BC 【解析】选项 B 的错误较明显，选项 C 的错误是"测量连续 10 min 的等效声级"，应为"测量连续 20 min 的等效声级"。施工场界噪声测量气象条件、测点位置、测量结果修正与其他噪声标准基本一致，但测量时段、背景噪声测量略有不同。

10. AD　11. BC　12. ACD　13. CE　14. AC　15. AC　16. BC　17. BD　18. ACD

19. ABCE 【解析】2009 年考题。机场周围区域受飞机通过（起飞、降落、低空飞越）噪声的影响，不适用于该标准。

20. BCD 【解析】2009 年考题。昼间最大声级限值没有规定，夜间最大声级限值有规定。

21. BD 【解析】2009 年考题。选项 A 中的风速应小于 5 m/s，选项 C 中的前、后校准示值偏差不得大于 0.5 dB。

22. B 【解析】2010 年考题。2 类声环境功能区标准为：昼间 60 dB，夜间 50 dB。各类声环境功能区夜间突发噪声，其最大声级超过环境噪声限值的幅度不得高于 15 dB（A）

23. C 【解析】2010 年考题。关键要抓住固定设备传播至噪声敏感建筑物室内。

第七章 生态影响评价技术导则与相关标准

第一节 环境影响评价技术导则—生态影响

一、单项选择题（每题的备选项中，只有一个最符合题意）

1. 根据《环境影响评价技术导则—生态影响》，位于原厂界（或永久用地）范围内的工业类改扩建项目，其生态影响评价等级为（   ）。

 A．一级　　　　　　　　　　B．二级

 C．三级　　　　　　　　　　D．做生态影响分析就可以

2. 某拟建工程的建设会影响到世界自然遗产地，工程占地仅为 0.8 km²，据《环境影响评价技术导则—生态影响》，此工程的生态影响工作等级为（   ）。

 A．一级　　　　B．二级　　　　C．三级　　　　D．四级

3. 某拟建公路长 100 km，占用人工林、荒地、部分耕地、建设用地，据《环境影响评价技术导则—生态影响》，此公路的生态影响工作等级为（   ）。

 A．一级　　　　B．二级　　　　C．三级　　　　D．四级

4. 某拟建公路长 100 km，部分路段占用人工林、荒地，部分路段占用某森林公园，据《环境影响评价技术导则—生态影响》，此公路的生态影响工作等级为（   ）。

 A．一级　　　　B．二级　　　　C．三级　　　　D．四级

5. 某拟建水库占地面积 2 km²，影响区域涉及部分原始天然林，据《环境影响评价技术导则—生态影响》，此工程的生态影响工作等级为（   ）。

 A．一级　　　　B．二级　　　　C．三级　　　　D．四级

6. 某工程的建设可能影响到自然保护区，工程占地为 10 km²，据《环境影响评价技术导则—生态影响》，此工程的生态影响工作等级为（   ）。

 A．一级　　　　B．二级　　　　C．三级　　　　D．四级

7. 某拟建公路长 60 km，部分路段占用人工林、荒地，部分路段会影响到某风景名胜区，据《环境影响评价技术导则—生态影响》，此公路的生态影响工作等级为（   ）。

A．一级   B．二级   C．三级   D．四级

8．某拟建项目永久占地 1.8 km²、临时占地 0.7 km²，该项目会影响到某地质公园，据《环境影响评价技术导则—生态影响》，此项目的生态影响工作等级为（   ）。

A．一级   B．二级   C．三级   D．四级

9．某扩建项目，原项目占地 5 km²，扩建项目新增占地 1.6 km²，该改扩建项目会影响到附近某天然渔场，据《环境影响评价技术导则—生态影响》，此项目的生态影响工作等级为（   ）。

A．一级   B．二级   C．三级   D．四级

10．某拟建矿山开采项目项目占地 18 km²，需占用部分人工次生经济林和耕地，该矿山开采项目会导致耕地无法恢复，据《环境影响评价技术导则—生态影响》，此项目的生态影响工作等级为（   ）。

A．一级   B．二级   C．三级   D．四级

11．根据《环境影响评价技术导则—生态影响》，生态影响评价应能够充分体现（   ），涵盖评价项目全部活动的直接影响区域和间接影响区域。

A．区域可持续发展   B．区域的生态敏感性

C．生态完整性   D．生态功能性

12．根据《环境影响评价技术导则—生态影响》，工程分析时段应涵盖工程全过程，以（   ）为调查分析的重点。

A．勘察期和施工期   B．施工期和运营期

C．运营期和退役期   D．勘察期和运营期

13．根据《环境影响评价技术导则—生态影响》，根据评价项目自身特点、区域的生态特点以及评价项目与影响区域生态系统的相互关系，确定工程分析的重点，分析（   ）。

A．生态影响的替代方案   B．生态影响的方式

C．生态影响的施工时序   D．生态影响的源及其强度

14．根据《环境影响评价技术导则—生态影响》，生态现状调查的范围应（   ）。

A．大于评价工作的范围   B．等于评价工作的范围

C．不小于评价工作的范围   D．不大于评价工作的范围

15．根据《环境影响评价技术导则—生态影响》，（   ）评级的生态现状调查应给出采样地样方实测、遥感等方法测定的生物量、物种多样性等数据，给出主要生物物种名录、受保护的野生动植物物种等调查资料。

A．一级   B．二级   C．三级   D．一级和二级

16．根据《环境影响评价技术导则—生态影响》，生态现状调查时，在什么情况下，应做专题调查。（   ）。

A. 项目投资额较大时   B. 项目评价范围较大时

C. 有敏感生态保护目标时   D. 项目评价等级大于二级以上时

17. 根据《环境影响评价技术导则—生态影响》，（   ）评级的生态现状调查，生物量和物种多样性调查可依据已有资料推断，或实测一定数量的、具有代表性的样方予以验证。

     A. 一级   B. 二级   C. 三级   D. 一级和二级

18. 根据《环境影响评价技术导则—生态影响》，生态背景调查应重点调查（   ）。

     A. 生态系统类型、结构、功能和过程

     B. 相关的非生物因子特征

     C. 受保护的珍稀濒危物种、关键种、土著种、建群种和特有种以及天然的重
         要经济物种

     D. 主要生态问题

19. 根据《环境影响评价技术导则—生态影响》，生态背景调查受保护的生物物种时，如涉及（   ）保护物种、珍稀濒危物种和地方特有物种时，应逐个或逐类说明其类型、分布、保护级别、保护状况等。

     A. 县级以上（含）   B. 市级以上（含）

     C. 国家级   D. 国家级和省级

20. 根据《环境影响评价技术导则—生态影响》，对影响区域生态敏感性的调查，如涉及（   ）应逐个说明其类型、等级、分布、保护对象、功能区划、保护要求等。

     A. 特殊生态敏感区和重要生态敏感区

     B. 特殊生态敏感区

     C. 重要生态敏感区

     D. 居住区和文教、行政办公卫生区

21. 根据《环境影响评价技术导则—生态影响》，生态现状调查中，对主要生态问题的调查，应调查影响区域内（   ）。

     A. 未来预计存在的制约本区域可持续发展的主要生态问题

     B. 已经存在的制约本区域可持续发展的主要生态问题

     C. 已经存在的制约本区域经济发展的主要生态问题

     D. 未来预计存在的制约本区域经济发展的主要生态问题

22. 根据《环境影响评价技术导则—生态影响》，生态现状评价涉及受保护的敏感物种时，应重点分析该敏感物种的（   ）。

     A. 生态学特征   B. 结构   C. 变化趋势   D. 功能

23. 根据《环境影响评价技术导则—生态影响》，将拟实施的开发建设活动的影响因素与可能受影响的环境因子分别列在同一张表格的行与列内。逐点进行分析，并逐条阐明影响的性质、强度等。由此分析开发建设活动的生态影响。该方法称为（　　）。

　　A. 列表清单法　　　　　　　　　B. 图形叠置法

　　C. 生态机理分析法　　　　　　　D. 网络法

24. 根据《环境影响评价技术导则—生态影响》，根据建设项目的特点和受其影响的动、植物的生物学特征，依照生态学原理分析、预测工程生态影响的方法。该方法称为（　　）。

　　A. 列表清单法　　　　　　　　　B. 图形叠置法

　　C. 生态机理分析法　　　　　　　D. 景观生态学法

25. 根据《环境影响评价技术导则—生态影响》，通过研究某一区域、一定时段内的生态系统类群的格局、特点、综合资源状况等自然规律，以及人为干预下的演替趋势，揭示人类活动在改变生物与环境方面的作用的方法。该方法称为（　　）。

　　A. 列表清单法　　　　　　　　　B. 图形叠置法

　　C. 生态机理分析法　　　　　　　D. 景观生态学法

26. 根据《环境影响评价技术导则—生态影响》，生态影响防护与恢复的措施应按照（　　）的次序提出。

　　A. 减缓、避让、补偿和重建　　　B. 避让、减缓、补偿和重建

　　C. 减缓、补偿、重建和避让　　　D. 避让、补偿、减缓和重建

27. 根据《环境影响评价技术导则—生态影响》，凡涉及不可替代、极具价值、极敏感、被破坏后很难恢复的敏感生态保护目标（如特殊生态敏感区、珍稀濒危物种）时，必须提出可靠的（　　）措施或生境替代方案。

　　A. 修复　　　　　B. 补偿　　　　　C. 避让　　　　　　D. 重建

28. 根据《环境影响评价技术导则—生态影响》，涉及采取措施后可恢复或修复的生态目标时，也应尽可能提出（　　）措施，否则，应制定（　　）措施。

　　A. 恢复；避让、修复和补偿　　　B. 避让；恢复、修复和补偿

　　C. 修复；避让、恢复和补偿　　　D. 避让；恢复、修复和重建

29. 根据《环境影响评价技术导则—生态影响》，对各种替代方案进行生态可行性论证后，应优先选择（　　）的替代方案。

　　A. 生态影响最小　　　　　　　　B. 生态影响可接受

　　C. 生态影响最大　　　　　　　　D. 投资估算最少

30. 根据《环境影响评价技术导则—生态影响》，对各种替代方案进行生态可行性论证后，最终选定的方案至少应该是（　　）。

  A．生态影响最小   B．投资估算最少的方案

  C．工程量最少的方案   D．生态保护可行的方案

二、不定项选择题（每题的备选项中至少有一个符合题意）

  1．根据《环境影响评价技术导则—生态影响》，生态影响评价工作分级划分是依据（ ）。

    A．生态影响的程度   B．影响区域的生态敏感性

    C．影响范围   D．评价项目的工程占地

  2．根据《环境影响评价技术导则—生态影响》，关于生态影响评价工作分级和调整，说法正确的是（ ）。

    A．评价项目的工程占地范围包含永久占地和水域，但不包括临时占地

    B．改扩建工程的工程占地范围以全部占地（含水域）面积或长度计算

    C．拦河闸坝建设可能明显改变水文情势等情况下，评价工作等级应上调一级

    D．在矿山开采可能导致矿区土地利用类型明显改变，评价工作等级应上调一级

  3．根据《环境影响评价技术导则—生态影响》，关于生态影响评价工作范围的确定原则，说法正确的是（ ）。

    A．生态影响评价仅涵盖评价项目全部活动的直接影响区域

    B．生态影响评价应能够充分体现生态完整性

    C．生态影响评价范围可以影响区域所涉及的完整气候单元为参照边界

    D．生态影响评价范围可以影响区域所涉及的完整地理单元界限为参照边界

  4．根据《环境影响评价技术导则—生态影响》，生态评价工作范围应依据（ ）确定。

    A．评价项目对生态因子的影响方式

    B．评价项目对生态因子的影响程度

    C．生态因子之间的相互影响

    D．生态因子之间的相互影响相互依存关系

  5．根据《环境影响评价技术导则—生态影响》，关于生态影响评价工作范围的确定，说法正确的是（ ）。

    A．一级为8～30 km，二级为2～8 km，三级为1～2 km

    B．生态影响评价具体工作范围可以参照各行业导则的规定

    C．只要涵盖了评价项目全部活动的直接影响和间接影响区域就可以

    D．评价工作范围可综合考虑评价项目与项目区的气候过程、水文过程、生物过程等生物地球化学循环过程的相互作用关系

  6．根据《环境影响评价技术导则—生态影响》，生态影响评价工作范围可综合

考虑评价项目与项目区的气候过程、水文过程、生物过程等生物地球化学循环过程的相互作用关系，以评价项目影响区域所涉及的完整（　　）为参照边界。

 A．水文单元   B．生态单元

 C．地理单元界限   D．气候单元

 7．根据《环境影响评价技术导则—生态影响》，下列（　　）可以作为生态影响判定的依据。

 A．评价项目所在地区及相似区域生态背景值或本底值

 B．科学研究判定的生态效应

 C．评价项目实际的生态监测、模拟结果

 D．地方已颁布的资源环境保护等相关法规、政策、标准、规划和区划等确定的目标、措施与要求

 8．根据《环境影响评价技术导则—生态影响》，下列（　　）可以作为生态影响判定的依据。

 A．相关领域专家的咨询意见

 B．管理部门及公众的咨询意见

 C．已有性质、规模以及区域生态敏感性不同的项目的实际生态影响类比

 D．国家、行业已颁布的资源环境保护等相关法规、政策、标准、规划和区划等确定的目标、措施与要求

 9．根据《环境影响评价技术导则—生态影响》，下列（　　）属工程分析的内容。

 A．工程类型   B．生态背景调查

 C．工程的规划依据   D．规划环评依据

 E．环保投资

 10．根据《环境影响评价技术导则—生态影响》，下列（　　）属工程分析的内容。

 A．生态预测   B．工程总投资

 C．设计方案中的生态保护措施 D．替代方案

 E．现场布置

 11．根据《环境影响评价技术导则—生态影响》，下列（　　）属工程分析的内容。

 A．施工方式   B．施工时序

 C．生态现状评价   D．运行方式

 E．总平面布置

 12．根据《环境影响评价技术导则—生态影响》，工程分析时段应涵盖（　　）。

    A．设计期   B．勘察期

    C．施工期   D．运营期   E．退役期

13．根据《环境影响评价技术导则—生态影响》，工程分析的重点应根据（   ）确定。

    A．评价项目自身特点

    B．评价项目的投资额

    C．区域的生态特点

    D．评价项目与影响区域生态系统的相互关系

14．根据《环境影响评价技术导则—生态影响》，工程分析的重点主要应包括（   ）。

    A．可能造成重大资源占用和配置的工程行为

    B．可能产生间接、累积生态影响的工程行为

    C．与特殊生态敏感区和重要生态敏感区有关的工程行为

    D．可能产生重大生态影响的工程行为

15．根据《环境影响评价技术导则—生态影响》，生态现状调查的内容和指标应能反映评价工作范围内的（   ）。

    A．现存的所有环境问题   B．生态背景特征

    C．现存的主要生态问题   D．环境要素背景值

16．根据《环境影响评价技术导则—生态影响》，一级评价生态现状调查应做（   ）工作。

    A．通过实测、遥感等方法测定采样地样方的生物量

    B．可依据已有资料推断采样地样方的物种多样性数据

    C．给出主要生物物种名录

    D．给出受保护的野生动植物物种

17．根据《环境影响评价技术导则—生态影响》，二级评价生态现状调查应做（   ）工作。

    A．物种多样性调查可依据已有资料推断，但生物量要实测

    B．生物量和物种多样性调查实测一定数量的、具有代表性的样方予以验证推
        断的结果

    C．生物量调查可依据已有资料推断，但物种多样性要实测

    D．生物量和物种多样性调查可依据已有资料推断

18．根据《环境影响评价技术导则—生态影响》，三级评价生态现状调查的最低要求是（   ）。

    A．生物量和物种多样性调查可依据已有资料推断

B. 实测一定数量的、具有代表性的样方说明样方地的生物量和植被类型

C. 实测一定数量的、具有代表性的样方说明样方地的生物量

D. 可充分借鉴已有资料进行说明

19. 根据《环境影响评价技术导则—生态影响》，生态背景调查主要调查是影响区域内的（　　　）。

A. 生态系统

B. 相关非生物因子特征

C. 主要生态问题

D. 受保护的生物物种，特别是保护物种

E. 特殊生态敏感区和重要生态敏感区

20. 根据《环境影响评价技术导则—生态影响》，生态背景调查受保护的生物物种时，（　　　）需调查。

A. 珍稀濒危物种　　　　　　　　B. 关键种

C. 建群种和特有种　　　　　　　D. 土著种

E. 天然的重要经济物种

21. 根据《环境影响评价技术导则—生态影响》，对涉及特殊生态敏感区和重要生态敏感区的调查，应逐个说明其（　　　）。

A. 类型、等级　　　　　　　　　B. 保护对象

C. 分布　　　　　D. 保护要求　　　　E. 功能区划

22. 根据《环境影响评价技术导则—生态影响》，对涉及国家级和省级保护物种、珍稀濒危物种和地方特有物种时的调查，应逐个或逐类说明其（　　　）。

A. 类型、分布　　　　　　　　　B. 保护级别

C. 保护对象　　　　D. 保护状况　　　　E. 功能区划

23. 根据《环境影响评价技术导则—生态影响》，对于主要现状生态问题调查，应指出其（　　　）。

A. 类型　　　　　　　　　　　　B. 发生特点

C. 成因　　　　　D. 空间分布　　　　E. 功能区划

24. 根据《环境影响评价技术导则—生态影响》，生态现状调查中，下列（　　　）属主要生态问题的调查。

A. 水土流失、泥石流　　　　　　B. 沙漠化、石漠化

C. 自然灾害　　　　　　　　　　D. 盐渍化

E. 生物入侵和污染危害

25. 根据《环境影响评价技术导则—生态影响》，下列（　　　）属生态现状评价的主要内容。

　　A．分析影响区域内生态系统状况的主要原因

　　B．通过分析影响作用的方式、范围、强度和持续时间来判别生态系统受影响的范围、强度和持续时间

　　C．评价生态系统的结构与功能状况

　　D．生态系统面临的压力和存在的问题

　　E．生态系统的总体变化趋势

26．根据《环境影响评价技术导则—生态影响》，下列（　　）属生态现状评价的主要内容。

　　A．分析和评价受影响区域内动、植物等生态因子的现状组成、分布

　　B．评价区域涉及特殊生态敏感区或重要生态敏感区时，应分析其存在的问题等

　　C．评价区域涉及受保护的敏感物种时，应重点分析该敏感物种的生态学特征

　　D．评价区域涉及特殊生态敏感区或重要生态敏感区时，应分析其生态现状、保护现状等

　　E．预测评价项目对区域现存主要生态问题的影响趋势

27．根据《环境影响评价技术导则—生态影响》，预测生态系统组成和服务功能的变化趋势，应重点关注其中的（　　）。

　　A．不利影响　　　　　　　　B．不可逆影响

　　C．累积生态影响　　　　　　D．短期影响

28．根据《环境影响评价技术导则—生态影响》，对敏感生态保护目标的影响评价应在明确保护目标的性质、特点、法律地位和保护要求的情况下，分析评价项目的（　　）。

　　A．影响方式　　　　　　　　B．影响途径

　　C．预测潜在的后果　　　　　D．影响程度

29．根据《环境影响评价技术导则—生态影响》，下列（　　）属生态影响预测与评价的内容。

　　A．通过分析影响作用的方式、范围、强度和持续时间来判别生态系统受影响的范围、强度和持续时间

　　B．预测生态系统组成和服务功能的变化趋势

　　C．预测评价项目对区域现存主要生态问题的影响趋势

　　D．敏感生态保护目标的影响评价应在明确保护目标的性质、特点、法律地位和保护要求的情况下，分析评价项目的影响途径、影响方式和影响程度，预测潜在的后果

30．根据《环境影响评价技术导则—生态影响》，生态影响预测与评价的常用方

法包括（　　　）。

A. 列表清单法　　　　　　　　B. 图形叠置法

C. 生态机理分析法　　　　　　D. 景观生态学法

E. 指数法与综合指数法

31. 根据《环境影响评价技术导则—生态影响》，生态影响预测与评价的常用方法包括（　　　）。

A. 生物多样性评价法　　　　　B. 矩阵法

C. 系统分析法　　　　　　　　D. 类比分析法

E. 网络法

32. 根据《环境影响评价技术导则—生态影响》，图形叠置法有两种基本制作手段，即（　　　）。

A. 系统分析法　　　　　　　　B. 3S 叠图法

C. 指标法　　　　　　　　　　D. 遥感调查法

33. 根据《环境影响评价技术导则—生态影响》，下列关于生态现状评价制图的基本要求和方法，说法正确的是（　　　）。

A. 生态影响评价制图的工作精度一般不低于工程可行性研究制图精度

B. 当涉及敏感生态保护目标时，应分幅单独成图，以提高成图精度

C. 生态影响评价图件应符合专题地图制图的整饬规范要求

D. 当成图范围过小时，可采用点线面相结合的方式，分幅成图

34. 根据《环境影响评价技术导则—生态影响》，列表清单法主要应用于（　　　）。

A. 主要用于区域生态质量评价和影响评价

B. 进行物种或栖息地重要性或优先度比选

C. 进行生态保护措施的筛选

D. 进行开发建设活动对生态因子的影响分析

35. 根据《环境影响评价技术导则—生态影响》，图形叠置法主要应用于（　　　）。

A. 主要用于区域生态质量评价和影响评价

B. 用于土地利用开发和农业开发中

C. 用于具有区域性影响的特大型建设项目评价中

D. 进行物种或栖息地重要性或优先度比选

36. 根据《环境影响评价技术导则—生态影响》，关于生态影响的防护、恢复与补偿原则，说法正确的是（　　　）。

A. 涉及采取措施后可恢复或修复的生态目标时，尽可能先提出恢复措施

B. 所采取的防护与恢复措施的效果应有利修复和增强区域生态功能

C. 各项生态保护措施应按项目实施阶段分别提出

D. 各项生态保护措施要提出实施时限和估算经费

37. 根据《环境影响评价技术导则—生态影响》，凡涉及不可替代、极具价值、极敏感、被破坏后很难恢复的敏感生态保护目标（如特殊生态敏感区、珍稀濒危物种）时，必须提出可靠的（　　　）。

A. 补偿措施　　　　　　　　B. 避让措施

C. 生境替代方案　　　　　　D. 重建措施

38. 根据《环境影响评价技术导则—生态影响》，项目中替代方案的类型包括（　　　）。

A. 项目的组成和内容替代方案　　B. 选线、选址替代方案

C. 施工和运营方案的替代方案　　D. 工艺和生产技术的替代方案

E. 生态保护措施的替代方案

39. 根据《环境影响评价技术导则—生态影响》，生态保护措施的基本内容应包括（　　　）。

A. 保护对象和目标　　　　　B. 内容、规模及工艺

C. 实施空间和时序　　　　　D. 替代方案

40. 根据《环境影响评价技术导则—生态影响》，生态保护措施的基本内容应包括（　　　）。

A. 保障措施和预期效果分析　　B. 绘制生态保护措施平面布置示意图

C. 典型措施设施施工图　　　　D. 环境保护投资概算

参考答案

一、单项选择题

1. D

2. A　【解析】自然保护区、世界文化和自然遗产地属特殊生态敏感区。属特殊生态敏感区的项目，不管工程占地多大，评价等级都为一级。

3. B　【解析】从题干可知，影响的区域为一般区域。一般区域的长度以100 km为分界线，≥100 km为二级，其余长度都为三级。

4. A　【解析】从题干可知，森林公园属重要生态敏感区，其他区域为一般区域。对照"生态影响评价工作等级划分表"，如果按一般区域分级，应为二级，如果按重要生态敏感区分级应为一级。"当工程占地（含水域）范围的面积或长度分别属于两个不同评价工作等级时，原则上应按其中较高的评价工作等级进行评价。"因此，本项目应为一级。

5．C　【解析】原始天然林属重要生态敏感区，对照"生态影响评价工作等级划分表"，评级等级为三级。

6．A

7．B　【解析】风景名胜区属重要生态敏感区。对于"特殊生态敏感区""重要生态敏感区""一般区域"的界定，需熟悉。另外，《环境影响评价技术导则—生态影响》与《建设项目环境影响评价分类管理名录》（2008年第2号令）中界定的环境敏感区是有所差异的，注意区别。《建设项目环境影响评价分类管理名录》中的"基本农田保护区、基本草原、资源型缺水地区、水土流失重点防治区、沙化土地封禁保护区、封闭及半封闭海域、富营养化水域"未列入重要生态敏感区的范畴。

8．B　【解析】评价项目的工程占地括永久占地和临时占地，共2.5 km²，地质公园属重要生态敏感区，对照"生态影响评价工作等级划分表"，评级等级为二级。"生态影响评价工作等级划分表"中只有四个数据要记住，面积中的"2"、"20"，长度中的"50"、"100"，同时要注意"≤"、"≥"。

9．C　【解析】天然渔场属重要生态敏感区，改扩建工程的工程占地范围以新增占地面积或长度计算。对照"生态影响评价工作等级划分表"，评级等级为三级。

10．B　【解析】从占用土地来看，影响的区域为一般区域，对照"生态影响评价工作等级划分表"，评价等级为三级。但"在矿山开采可能导致矿区土地利用类型明显改变，或拦河闸坝建设可能明显改变水文情势等情况下，评价工作等级应上调一级"，该矿山开采导致耕地无法恢复，土地利用类型明显改变，因此，该项目评价等级为二级。

11．C　12．B　13．D　14．C　15．A　16．C　17．B　18．C　19．D　20．A　21．B　22．A　23．A　24．C　25．D　26．B　27．C　28．B　29．A

30．D　【解析】优先选择生态影响最小的方案，不一定是最终选定的方案。最终选定的方案不一定生态影响最小的方案，但至少应该是生态保护可行的方案。

二、不定项选择题

1．BD　【解析】选项A和C是旧导则的划分依据。

2．CD　【解析】评价项目的工程占地范围，包含水域，也包括永久占地和临时占地；改扩建工程的工程占地范围以新增占地（含水域）面积或长度计算。生态影响评价工作等级没有下调一级的说法。

3．BCD　【解析】生态影响评价工作范围要涵盖评价项目全部活动的直接影响区域和间接影响区域。直接影响是指经济社会活动所导致的不可避免的、与该活动同时同地发生的生态影响，比如工程施工占地、植被破坏等。而间接影响是指经济社会活动及其直接影响所诱发的、与该活动不在同一地点或不在同一时间发生的生态影响。比如大型水库建设可能诱发上游地区出现的地质灾害等。由于其发生的异地性或滞后性，往往不容易观测、监测或察觉到，需要借助于以往项目类比或经验的积累来判断。

4．ABCD

5．BCD　【解析】选项A为旧导则的评价范围界定。

6．ABCD　【解析】气候单元、水文单元、生态单元、地理单元界限的尺度较大，一般项目还不至于依据如此大尺度的单元来划分评价范围，比较适用于规划或战略环境影响评价中的生态影响评价范围的确定。

7．ABCD　8．ABD　9．ACDE　10．BCDE

11．ABDE　【解析】工程分析内容应包括的内容较多，上述几个题目中，常见的未列出选项，仅列出考生容易忽视的内容。

12．BCDE　13．ACD　14．ABCD　15．BC

16．ACD　【解析】一级评价的物种多样性数据也应通过实测、遥感等方法测定。

17．BD

18．D　【解析】考试时也会出现一个答案的不定项选择题，需引起考生的注意。

19．ABDE

20．ABCDE　【解析】对于调查受保护的生物物种，如涉及国家级和省级保护物种、珍稀濒危物种和地方特有物种时，应逐个或逐类说明其类型、分布、保护级别、保护状况等。

21．ABCDE

22．ABD　【解析】注意保护物种的调查主要是4个方面（类型、分布、保护级别、保护状况）；而生态敏感区域的调查主要是6个方面（类型、分布、等级、保护对象、功能区划、保护要求）。两者的调查要求的共同点都是逐个或逐类说明。

23．ABCD　24．ABCDE

25．ACDE　【解析】选项B为生态预测的内容。

26．ABCD　【解析】选项E为生态预测的内容。敏感物种的生态学特征主要是通过收集资料、咨询有关专家，充分利用前人的研究成果获得。

27．ABC　28．ABCD　29．ABCD　30．ABCDE

31．ACD　【解析】常用的方法包括列表清单法、图形叠置法、生态机理分析法、景观生态学法、指数法与综合指数法、类比分析法、系统分析法和生物多样性评价等。

32．BC　33．ABC

34. BCD　【解析】选项A是图形叠置法的应用范畴。

35. ABC　【解析】选项D是列表清单法的应用范畴。图形叠置法主要应用于区域性、大规模的开发活动，大型水利枢纽工程、新能源基地建设、矿业开发项目等。

36. BCD　37. BC　38. ABCDE　39. ABC

40. ABD　【解析】典型措施设施工艺图是需要的，但施工图在环评阶段还不需要。生态保护措施的基本内容应包括6个方面。

第二节　土壤环境质量

一、单项选择题（每题的备选项中，只有一个最符合题意）

1. 一级土壤环境标准是为（　　）规定的土壤环境质量的限制值。

　　A. 维持自然背景水平

　　B. 保障对植物正常生长环境不造成危害和污染

　　C. 维护人体健康

　　D. 保障农林业生产

2. 土壤环境质量分类中，Ⅰ类土壤主要适用于（　　）。

　　A. 果园　　　　　　　　　　　B. 林地

　　C. 集中式生活饮用水源地　　　　D. 蔬菜地

3. 对某铅锌矿项目进行环境影响评价时，该矿区附近农田应执行《土壤环境质量标准》中（　　）级标准。

　　A. 一　　　　　B. 二　　　　　C. 三　　　　　D. 四

4. 根据《土壤环境质量标准》对土壤环境质量的分类，下列属于Ⅲ类土壤的是（　　）。

　　A. 茶园　　　　B. 牧场　　　　C. 林地　　　　D. 蔬菜地

5. 根据《土壤环境质量标准》，位于基本农田区的某无公害蔬菜生产基地土壤环境质量应执行的标准是（　　）级。

　　A. 一　　　　　B. 二　　　　　C. 三　　　　　D. 四

6. 根据《土壤环境质量标准》，一般农田土壤环境质量应符合的类别是（　　）类。

　　A. Ⅰ　　　　　B. Ⅱ　　　　　C. Ⅲ　　　　　D. Ⅳ

7. 某果园附近分布有大片蔬菜地。根据《土壤环境质量标准》，该果园土壤应执行的土壤环境质量标准是（　　）级。

　　A．一　　　　　　B．二　　　　　　C．三　　　　　　D．四

　　8．Ⅲ类土壤环境质量基本上（　　　）。

　　A．对植物和环境有少量危害和污染　　B．保持自然背景高水平

　　C．对植物和环境不造成危害和污染　　D．保持自然背景水平

　　9．土壤质量基本上对植物和环境不造成危害和污染，此类土壤属（　　　）。

　　A．Ⅰ类　　　　　B．Ⅱ类　　　　　C．Ⅲ类　　　　　D．Ⅱ类或Ⅲ类

　　10．Ⅰ类土壤环境质量基本上（　　　）。

　　A．对植物和环境有少量危害和污染　　B．保持自然背景低水平

　　C．对植物和环境不造成危害和污染　　D．保持自然背景水平

　　11．土壤环境质量一级标准是为保护区域自然生态，（　　　）的土壤环境质量的限制值。

　　A．保障农业生产　　　　　　　　　　B．维护人体健康

　　C．维持自然背景　　　　　　　　　　D．保障农林业生产和植物正常生长

　　12．土壤环境质量三级标准是为（　　　）的土壤临界值。

　　A．保障农业生产　　　　　　　　　　B．维护人体健康

　　C．维持自然背景　　　　　　　　　　D．保障农林业生产和植物正常生长

　　13．土壤环境质量二级标准是为保障农业生产，（　　　）的土壤临界值。

　　A．保障工业生产　　　　　　　　　　B．维护人体健康

　　C．维持自然背景　　　　　　　　　　D．保障农林业生产和植物正常生长

　　14．为保障农林业生产和植物正常生长的土壤临界值，此级标准是（　　　）。

　　A．一级标准　　　　　　　　　　　　B．二级标准

　　C．三级标准　　　　　　　　　　　　D．四级标准

二、不定项选择题（每题的备选项中至少有一个符合题意）

　　1．Ⅱ类土壤主要适用于一般农田、（　　　）等土壤，土壤质量基本上对植物和环境不造成危害和污染。

　　A．集中式生活饮用水源地　　　　　　B．蔬菜地

　　C．果园　　　　　　D．茶园　　　　　　E．牧场

　　2．Ⅰ类土壤主要适用于国家规定的（　　　）和其他保护地区的土壤，土壤质量基本保持自然背景水平。

　　A．集中式生活饮用水源地

　　B．原有背景重金属含量低的自然保护区

　　C．牧场

D．茶园

E．原有背景重金属含量高的自然保护区

3．Ⅲ类土壤主要适用于（　　），土壤质量基本上对植物和环境不造成危害和污染。

A．污染物容量较大的高背景值土壤

B．一般农田

C．林地土壤

D．矿产附近等地的农田土壤（蔬菜地除外）

4．土壤环境质量二级标准是为（　　）的土壤临界值。

A．保障农业生产　　　　　　　　B．维护人体健康

C．维持自然背景　　　　　　　　D．保障农林业生产和植物正常生长

5．以下用地属于《土壤环境质量标准》Ⅱ类区的有（　　）。

A．一般农田　　　　　　　　　　B．矿产附近农田

C．矿产附近蔬菜地　　　　　　　D．集中式生活饮用水源地

参考答案

一、单项选择题

1．A　2．C　3．C　4．C　5．B　6．B　7．B　8．C　9．D　10．D　11．C　12．D　13．B　14．C

二、不定项选择题

1．BCDE　2．ABCD　3．ACD　4．AB　5．AC

第八章 开发区区域环境影响评价技术导则

一、单项选择题（每题的备选选项中，只有一个最符合题意）

1. 以下开发建设活动，应按照《开发区区域环境影响评价技术导则》开展环境影响评价的是（   ）。

    A．建设保税区
    B．建设商务中心

    C．建设铜冶炼厂
    D．建设 60 万吨/年甲醇厂

2. 在下列污染物中，未列入《开发区区域环境影响评价技术导则》中大气污染物总量控制指标的是（   ）。

    A．烟尘
    B．粉尘

    C．二氧化硫
    D．氮氧化物（以二氧化氮计）

3. 依据《开发区区域环境影响评价技术导则》，在开发区活动环境影响识别中，对于小规模开发区，以下表述正确的是（   ）。

    A．仅考虑对区内环境的影响

    B．主要考虑对区外环境的影响

    C．需要同时考虑对区内区外环境的影响

    D．主要考虑对区内环境的影响，同时根据情况考虑对区外环境的影响

4. 某机械加工（非精密加工）工业园区占地 5km2，根据《开发区区域环境影响评价技术导则》，以下内容可不纳入该工业园区环境空气影响分析与评价主要内容的是（   ）。

    A．开发区能源结构及其环境空气影响分析

    B．集中供热厂的污染源排放情况及对环境质量的影响预测与分析

    C．工艺尾气排放方式、污染物种类、排放量、控制措施及其环境影响分析

    D．区外环境主要污染源对区内环境空气质量的影响分析

5. 根据《开发区区域环境影响评价技术导则》，开发区规划的环境可行性综合论证时，以下不需要考虑的是（   ）。

    A．总体布局的合理性
    B．环境保护目标的可达性

    C．经济增长速度
    D．产业结构的合理性

6. 根据《开发区区域环境影响评价技术导则》，进行规划方案分析时，从环境

影响的角度可以不进行分析的是（　　　）。

　　A．开发区总体布局

　　B．各规划之间的协调性

　　C．土地利用的生态适宜度

　　D．开发区内具体项目装置配置的合理性

7．某化工园区位于松花江流域，根据《开发区区域环境影响评价技术导则》，以下所排放的污染物中应作为总量控制指标因子的是（　　　）。

　　A．SS　　　　　　　B．pH　　　　　　C．硝基苯　　　D．全盐量

8．开发区的污染源分析中，鉴于规划实施的时间跨度较长并存在一定的不确定因素，污染源分析以（　　　）为主。

　　A．近期　　　　　　B．中期　　　　　　C．远期　　　　D．中远期

9．对于开发区规划可能影响区域噪声功能达标的，应考虑采取（　　　）设置噪声隔离带等措施。

　　A．临时性车辆管制　　　　　　　B．禁止夜间施工

　　C．调整规划布局　　　　　　　　D．个人防噪声设备

10．为计算开发区大气环境容量，对所涉及的区域要进行环境功能区划，确定各功能区的（　　　）。

　　A．污染物排放总量　　　　　　　B．大气排放浓度

　　C．环境空气质量标准　　　　　　D．大气最大允许排放浓度

11．涉及大量征用土地和移民搬迁，或可能导致原址居民生活方式、工作性质发生大的变化的开发区规划，环评中需设置（　　　）分析专题。

　　A．农业环境影响　　　　　　　　B．土地利用变化

　　C．基本农田及土地环境质量　　　D．社会影响

12．在开发区区域环境影响评价中，对拟议的开发区各规划方案进行综合论证时，其中（　　　）不属于综合论证的重点。

　　A．功能区划　　　　　　　　　　B．产业结构与布局

　　C．环保设施建设　　　　　　　　D．监测布点方案

13．区域环评中，对于拟接纳开发区污水的水体，应根据（　　　）水质标准要求，选择适当的水质模型分析确定水环境容量。

　　A．建设单位上级部门提出的　　　B．建设单位提出的

　　C．环境功能区划所规定的　　　　D．环评单位建议的

14．在开发区区域环境影响评价中，进行大气环境影响减缓措施分析时，重点是对（　　　）进行多方案比较。

　　A．排放口在线监测技术　　　　　B．煤的集中转换及其集中转换技术

C．区内各企业脱硫除尘技术　　　　D．太阳能及风力发电技术

15．按《开发区区域环境影响评价技术导则》的要求，水环境影响减缓措施应重点考虑（　　），深度处理与回用系统，以及废水排放的优化布局和排放方式的选择。

A．污水计量系统　　　　　　　　　B．污水集中处理

C．后期雨水系统　　　　　　　　　D．清净下水系统

16．开发区区域环境影响评价重点之一是要分析确定开发区主要相关环境介质的（　　），研究提出合理的污染物排放总量控制方案。

A．排放标准　　　　　　　　　　　B．污染物排放量

C．环境容量　　　　　　　　　　　D．环境保护方案

17．某设区的市建设高新技术开发区，依据《开发区区域环境影响评价技术导则》，以下可不列入"环境影响评价重点"的是（　　）。

A．确定该开发区主要相关环境介质的环境容量

B．该市 A 产业结构与布局环境影响分析论证

C．该开发区集中供热方案的环境可行性论证

D．识别该开发区域开发活动产生的主要环境影响因索

18．《开发区区域环境影响评价技术导则》中"开发区区域环境影响评价实施方案"的基本内容不包括（　　）。

A．开发区规划简介

B．污染物排放总量控制方案

C．开发区及其周边地区的环境状况

D．规划方案的初步分析

19．《开发区区域环境影响评价技术导则》中"开发区规划方案初步分析"的内容应包括（　　）。

A．开发区污染物排放总量控制方案合理性分析

B．开发区规划目标的协调性分析

C．开发区环境现状调查结果分析

D．公众参与分析

20．依据《开发区区域环境影响评价技术导则》，以下符合开发区水环境容量与污染物总量控制要求的是（　　）。

A．总量控制因子应包括 COD、TN、TP

B．总量控制因子的确定应考虑当地降水量

C．根据开发区技术经济条件确定水环境允许排放总量

D．根据《污水综合排放标准》制定水污染物总量控制方案

21．《开发区区域环境影响评价技术导则》中"对开发区规划的环境可行性进行综合论证"的内容不包括（　　）。

A．开发区开发性质的合理性

B．开发区总体布局的合理性

C．开发区环境功能区划的合理性

D．开发区土地利用的生态适宜度

22．下列规划适用《开发区区域环境影响评价技术导则》的是（　　）。

A．省级交通规划　　　　　　　　B．化工企业发展规划

C．某旅游度假区规划　　　　　　D．自然保护区规划

23．根据《开发区区域环境影响评价技术导则》，（　　）不属于开发区生产力配置基本要素。

A．气候条件　　　　　　　　　　B．人力资源

C．矿产或原材料资源　　　　　　D．区域内各项目设备配置

24．开发规划目标的协调性分析是指按（　　）规划要素，逐项比较分析开发区规划与所在区域总体规划、其他专项规划、环境保护规划的协调性。

A．主要的　　　B．部分　　　C．所有的　　　D．次要的

25．开发规划目标的协调性分析可采用（　　）说明开发区规划发展目标及环境目标，与所在区域规划目标及环境保护目标的协调性。

A．矩阵的方式　　　　　　　　　B．列表的方式

C．数学分析法　　　　　　　　　D．系统分析法

26．开发规划目标的协调性分析是指按主要的规划要素，逐项比较分析开发区规划与所在区域总体规划、其他专项规划、（　　）的协调性。

A．环境保护规划　　　　　　　　B．土地利用规划

C．城市总体规划　　　　　　　　D．国土规划

27．涉及大量征用土地、移民搬迁或可能导致原址居民生活方式、工作性质发生大的变化的开发区规划，需设置（　　）。

A．环境现状调查和评价专题　　　B．公众参与专题

C．社会影响分析专题　　　　　　D．规划方案分析专题

28．区域环境现状调查和评价时，要概述区域环境保护规划和主要环境保护目标和指标，分析区域存在的主要环境问题，并以（　　）列出可能对区域发展目标、开发区规划目标形成制约的关键环境因素或条件。

A．表格形式　　　　　　　　　　B．定量形式

C．方框图的形式　　　　　　　　D．数学模式计算后

29．开发区确定大气污染物总量控制指标主要是（　　）。

A．NO_2、粉尘、SO_2 　　　　B．烟尘、NO_2、SO_2

C．烟尘、粉尘、SO_2 　　　　D．烟尘、PM_{10}、SO_2

30．开发区大气环境容量是指满足环境质量目标的前提下污染物的（　　）。

A．最佳排放总量 　　　　B．最小排放总量

C．允许排放总量 　　　　D．排放总量

31．大气环境容量与污染物总量控制要结合开发区规划分析和污染控制措施，提出区域环境容量利用方案和（　　）污染物排放总量控制指标。

A．远期 　　B．近期 　　C．中期 　　D．长远

32．对拟接纳开发区污水的水体，下列（　　）情况原则上不要求确定水环境容量。

A．近海水域 　　　　B．海湾

C．常年径流的湖泊 　　　　D．季节性河流

33．对开发区水环境容量与废水排放总量，如预测的各项总量值均低于基于技术水平约束下的总量控制和基于水环境容量的总量控制指标，可选择（　　）的指标提出总量控制方案。

A．最大 　　B．中间 　　C．其中之一 　　D．最小

34．当开发区土地利用的生态适宜度较低或区域环境敏感性较高时，应考虑（　　）的大规模、大范围调整。

A．选址 　　B．规划目标 　　C．总体发展规模 　　D．产业结构

35．当开发区发展目标受区外重大污染源影响较大时，在不能进行选址调整时，要提出对（　　）进行调整的计划方案，并建议将此计划纳入开发区总体规划之中。

A．规划目标 　　　　B．规划布局

C．区外环境污染控制 　　　　D．环保基础设施建设

36．一般情况下，开发区边界应与外部较敏感地域保持一定的（　　）距离。

A．绿化防护 　　B．空间防护 　　C．安全防护 　　D．卫生防护

37．开发区大气环境影响减缓措施应从改变能流系统及能源转换技术方面进行分析，重点是（　　）的集中转换以及煤的集中转换技术的多方案比较。

A．石油 　　B．重油 　　C．煤 　　D．能源

38．开发区对典型工业行业，可根据清洁生产、循环经济原理从原料输入、工艺流程、产品使用等进行分析，提出（　　）与减缓措施。

A．替代方案 　　B．治理方案 　　C．改进方案 　　D．防治对策

二、不定项选择题（每题的备选项中至少有一个符合题意）

1．开发区区域环评导则适用于经济技术开发区、高新技术产业开发区、（　　）

等类似区域开发的环境影响评价的一般性原则、内容、方法和要求。

A. 旅游度假区

B. 城市总体规则

C. 边境经济合作区

D. 保税区

E. 工业园区

2. 根据《开发区区域环境影响评价技术导则》，开发区环境影响评价需设置社会影响评价专题的有（　　）的开发区规划。

A. 涉及大量征用土地和移民搬迁

B. 开发建设和经济发展较快

C. 可能导致原址居民生活方式、工作性质发生大的变化

D. 各类资源消耗较大

3. 依据《开发区区域环境影响评价技术导则》，在提出开发区污染物总量控制方案工作内容要求时，应考虑到对（　　）的原则要求。

A. 集中供热

B. 污水集中处理排放

C. 生活垃圾的分类、回收与处置

D. 固体废物分类处置

4. 根据《开发区区域环境影响评价技术导则》，区域污染源分析的主要因子应满足的要求有（　　）。

A. 国家规定的重点控制污染物

B. 地方政府规定的重点控制污染物

C. 开发区规划中确定的主导行业或重点行业的特征污染物

D. 当地环境介质最为敏感的污染因子

5. 根据《开发区区域环境影响评价技术导则》，确定开发区大气环境容量需要考虑的因素有（　　）。

A. 确定所涉及区域各功能区环境质量目标及环境质量达标情况

B. 开发区与所在区域的经济承受能力

C. 当地地形与气象条件

D. 适当的环境容量计算方法

6. 根据《开发区区域环境影响评价技术导则》，以下属于区域环境状况调查和评价内容的有（　　）。

A. 地下水开采现状

B. 土壤环境质量现状

C. 环境保护目标分布

D. 区域居民饮用水来源与质量

E. 水土流失现状

7. 适用《开发区区域环境影响评价技术导则》的包括（　　）。

A. 北京市海淀区交通规划环境影响评价

B. 海港保税区环境影响评价

  C．边境经济合作区环境影响评价

  D．上海市 2010—2020 年轨道交通网规划环境影响评价

  8．根据《开发区区域环境影响评价技术导则》，开发区目标协调性分析包括的内容有（ ）。

  A．与环境保护规划的协调性   B．与农业发展规划的协调性

  C．与环境功能区划的协调性   D．与所在区域总体规划的协调性

  9．根据．《开发区区域环境影响评价技术导则》，下列因子中，属于开发区总量控制指标的有（ ）。

  A．粉尘   B．二氧化氮

  C．总磷   D．受纳水体最为敏感的特征因子

  10．根据《开发区区域环境影响评价技术导则》，需要对产生的生态影响制定补偿措施的有（ ）。

  A．需要保护的敏感地区   B．恢复速度较慢的自然资源

  C．普遍存在的再生周期短可恢复的资源 D．需要保护的生物物种分布区

  11．《开发区区域环境影响评价技术导则》适用于经济技术开发区、（ ）等区域开发，以及工业园区等类似区域开发的环境影响评价。

  A．保税区   B．边境经济合作区   C．旅游度假区

  D．自然保护区   E．高新技术产业开发区

  12．开发区区域环境影响评价重点包括（ ）。

  A．从环境保护角度论证开发区环境保护方案，包括污染集中治理设施的规模、工艺和布局的合理性，优化污染物排放口及排放方式

  B．对拟议的开发区各规划方案进行环境影响分析比较和综合论证，提出完善开发区规划的建议和对策

  C．识别开发区的区域开发活动可能带来的主要环境影响，以及可能制约开发区发展的环境因素

  D．分析确定开发区主要相关环境介质的环境容量，研究提出合理的污染物排放总量控制方案

  E．公众参与

  13．一般情况，下列不是开发区环境影响评价实施方案的基本内容有（ ）。

  A．开发区规划简介   B．开发区污染源分析

  C．开发区及其周边地区的环境状况 D．规划方案的初步分析

  E．环境容量与污染物排放总量控制

  14．一般情况，下列（ ）是开发区环境影响评价实施方案的基本内容。

  A．评价专题的设置和实施方案

B. 开发活动环境影响识别和评价因子选择

C. 评价范围和评价标准

D. 公众参与

E. 规划方案的初步分析

15. 开发区规划方案初步分析的内容包括（　　）。

A. 开发区选址的合理性分析　　　B. 开发规划目标的协调性分析

C. 开发区总体规划的综合论证　　D. 开发区能源结构分析

16. 开发区选址的合理性分析是根据（　　）分析开发区规划选址的优势和制约因素。

A. 开发区规模　　　　　　　　　B. 开发区性质

C. 发展目标　　　　　　　　　　D. 生产力配置基本要素

17. 开发区区域环境评价专题的设置要体现区域环评的特点，突出（　　）等涉及全局性、战略性内容。

A. 规划的合理性分析和规划布局论证　　　B. 排污口优化

C. 集中供热（汽）　　　　　　　　　　　D. 环境容量和总量控制

E. 能源清洁化

18. 下列（　　）属区域环境现状调查和评价的内容。

A. 区域空气环境质量状况　　　　B. 地表水和地下水环境质量状况

C. 土地利用类型和分布情况　　　D. 区域声环境状况

E. 环境敏感区分布和保护现状

19. 规划方案分析应将开发区规划方案放在区域发展的层次上进行合理性分析，突出（　　）。

A. 开发区投入产出的合理性　　　B. 开发区总体发展目标

C. 开发区布局的合理性　　　　　D. 开发区环境功能区划的合理性

20. 开发区总体布局及区内功能分区的合理性分析包括（　　）。

A. 分析开发区规划确定的区内各功能组团的性质

B. 分析开发区规划确定的区内各功能组团与相邻功能组团的边界和联系

C. 根据开发区选址合理性分析确定的基本要素，分析开发区内各功能组团的发展目标和各组团间的优势与限制因子

D. 分析各组团间的功能配合以及现有的基础设施及周边组团设施对该组团功能的支持

E. 合理性分析可采用列表的方式说明开发区规划发展目标和各功能组团间的相容性

21. 开发区规划与所在区域发展规划的协调性分析是将开发区所在区域的

（　　　）与开发区规划作详细对比，分析开发区规划是否与所在区域的总体规划具有相容性。

    A．总体规划　　　　　　　　　　B．布局规划

    C．国土规划　　　　　　　　　　D．环境功能区划

22．环境功能区划的合理性分析包括（　　　）。

    A．对比开发区规划和开发区所在区域布局规划中对开发区内各分区或地块的环境功能要求

    B．对比开发区规划和开发区所在区域总体规划中对开发区内各分区或地块的环境功能要求

    C．分析开发区环境功能区划和开发区所在区域总体环境功能区划的异同点

    D．根据环境功能区划的分析结果，对开发区规划中不合理的环境功能分区提出改进建议

23．开发区规划方案分析的内容包括（　　　）。

    A．环境功能区划的合理性分析

    B．开发区土地利用的生态适宜度分析

    C．开发区规划与所在区域发展规划的协调性分析

    D．开发区总体布局及区内功能分区的合理性分析

    E．据规划方案综合论证的结果，提出减缓环境影响的调整方案和污染控制措施与对策

24．开发区确定大气污染物总量控制指标主要是（　　　）。

    A．NO_2　　　　　B．烟尘　　　　　C．粉尘　　　　　D．SO_2

25．开发区在提出污染物总量控制方案的工作内容要求时，应考虑（　　　）的原则要求。

    A．集中供热　　　　　　　　　　B．污水集中处理排放

    C．固体废物分类处置　　　　　　D．集中供水

26．开发区大气污染物总量控制主要内容有（　　　）。

    A．结合开发区规划分析和污染控制措施，提出区域环境容量利用方案和近期污染物排放总量控制指标

    B．对涉及的区域进行环境功能区划，确定各功能区环境空气质量目标

    C．根据环境质量现状，分析不同功能区环境质量达标情况

    D．结合当地地形和气象条件，选择适当方法，确定开发区大气环境容量

    E．选择总量控制指标：烟尘、粉尘、SO_2

27．分析评价开发区规划实施对生态环境的影响时，对于预计可能产生的显著不利影响，要求从（　　　）等方面提出和论证实施生态环境保护措施的基本框架。

A. 恢复　　　　B. 补偿　　　　C. 保护　　　　D. 建设

28. 开发区规划综合论证的内容包括（　　）。

A. 开发区经济效益的可达性

B. 开发区环境功能区划的合理性和环境保护目标的可达性

C. 开发区总体布局的合理性

D. 开发区总体发展目标的合理性

E. 开发区土地利用的生态适宜度分析

29. 开发区区域开发，主要的环境保护对策包括对开发区（　　）的调整方案。

A. 规划目标　　　　B. 规划布局　　　　C. 总体发展规模

D. 产业结构　　　　E. 环保基础设施建设

30. 开发区水环境影响减缓措施应重点考虑（　　）。

A. 污水集中处理　　　　　　B. 深度处理与回用系统

C. 废水排放的优化布局　　　D. 废水排放方式的选择

E. 污水土地处理

参考答案

一、单项选择题

1. A　2. D　3. B　4. B　5. C　6. D　7. C　8. A　9. C　10. A　11. D　12. D　13. C　14. B　15. B　16. C　17. B

18. B　【解析】2009 年考题。实施方案相当于大纲编制，污染物排放总量控制方案属报告书内容。

19. B　20. A　21. A　22. C

23. D　【解析】2010 年考题。开发区生产力配置的基本要素有 12 个基本要素。

24. A　25. B　26. A　27. C　28. A　29. C　30. C　31. B　32. D　33. D　34. A　35. C　36. B　37. C　38. A

二、不定项选择题

1. ACDE　【解析】2005 年考题。选项 B 属规划环评的范畴。

2. AC　3. ABD　4. ABCD

5. ACD　【解析】2007 年考题。方法不同，计算的结果不同，因此，是考虑的因素。

6. ABCD　【解析】2008 年考题。水土流失现状属于生态现状调查内容。

7. BC　【解析】2009 年考题。选项 A 和 D 属规划环评的范畴。

8. ABCD

9. ACD　【解析】2010 年考题。该导则的总量控制指标与国家"十二"环保规划的总量指标有所不同。

10. ABD

11. ABCE　12. ABCD

13. BE　【解析】环境影响评价实施方案的基本内容一般包括六点：① 开发区规划简介。② 开发区及其周边地区的环境状况。③ 规划方案的初步分析。④ 开发活动环境影响识别和评价因子选择。⑤ 评价范围和评价标准。⑥ 评价专题的设置和实施方案。

14. ABCE　15. AB

16. BCD　【解析】开发区生产力配置一般有十二个基本要素，即土地、水资源、矿产或原材料资源、能源、人力资源、运输条件、市场需求、气候条件、大气环境容量、水环境容量、固体废物处理处置能力、启动资金。

17. ABCDE　18. ABCDE　19. BCD　20. ABCDE　21. ABD　22. BCD
23．ABCDE　24．BCD　25．ABC　26．ABCDE　27．ABCD　28．BCDE
29．ABCDE　30. ABCD

第九章　规划环境影响评价技术导则

一、单项选择题（每题的备选项中，只有一个最符合题意）

1. 在编制规划环境影响报告中，需进行跟踪评价的是（　　）。

　A. 所有规划　　　　　　　　　　B. 产生轻微环境影响的规划

　C. 产生重大环境影响的规划　　　D. 产生一般环境影响的规划

2. 规划环境影响报告书编制的主要内容一般不包括（　　）。

　A. 环境现状描述　　　　　　　　B. 拟议规划的概述

　C. 开展公众参与　　　　　　　　D. 具体项目的工程分析

3. 在规划环境影响评价的现状调查中，应针对规划对象的特点，提出相应的指导原则，但不宜提（　　）原则。

　A. 全面性　　　　　　　　　　　B. 针对性

　C. 超前性　　　　　　　　　　　D. 可行性

4. 规划环境影响评价应尽可能在（　　）介入，并将对环境的考虑充分融入到规划中。

　A. 规划编制之前　　　　　　　　B. 规划编制的初期

　C. 规划编制中期　　　　　　　　D. 规划编制完成前

5. 开展规划环境影响评价时，累积影响分析应当从（　　）两个方面进行。

　A. 社会与经济　　　　　　　　　B. 时间与空间

　C. 污染因子与污染物浓度　　　　D. 环境污染与环境治理

6. 依据《规划环境影响评价技术导则》，针对规划可能涉及的环境问题、敏感环境要素以及主要制约因素，确认规划环境影响评价的环境目标的依据是（　　）。

　A. 公众参与的意见　　　　B. 有关的环境影响保护政策、法规和标准

　C. 环境影响减缓措施　　　D. 环境影响预测结论

7. 根据《规划环境影响评价技术导则》，规划环评在拟定环境保护对策与措施时，正确的优先顺序是（　　）。

　A. 预防措施、修复补救措施、减量化措施、最小化措施、重建措施

　B. 预防措施、减量化措施、重建措施、修复补救措施、最小化措施

　C. 预防措施、最小化措施、减量化措施、修复补救措施、重建措施

D．预防措施、减量化措施、最小化措施、修复补救措施、重建措施

8. 根据《规划环境影响评价技术导则（试行）》，拟定环境保护对策与减缓措施应遵循的原则是（　　）。

A．预防措施优先　　　　　　　B．经济代价最小化

C．重建措施优先　　　　　　　D．经济效益最大化

9. 以下规划的环境影响评价适用《规划环境影响评价技术导则（试行）》的是（　　）。

A．县级水利发展规划　　　　　B．电力集团发展规划

C．造纸厂发展规划　　　　　　D．国家能源发展规划

10. 依据《规划环境影响评价技术导则（试行）》，开展城市总体规划环境影响评价的合理时机是（　　）。

A．城市总体规划公示之后　　　B．城市总体规划公示期间

C．城市总体规划编制初期　　　D．城市总体规划编制后期

11. 依据《规划环境影响评价技术导则（试行）》，设区的市级工业发展规划环境影响评价内容不包括（　　）。

A．拟议规划目标与其他相关规划的协调性分析

B．规划热网供热压力选择合理性分析

C．环境影响识别

D．公众参与

12.《规划环境影响评价技术导则（试行）》中规划分析的基本内容不包括（　　）。

A．规划目标的协调性分析　　　B．规划环境目标的确定

C．规划环境影响评价范围的确定　D．规划方案的初步筛选

13. 依据《规划环境影响评价技术导则（试行）》，确定环境保护减缓措施时应遵循的优先顺序是（　　）。

A．预防措施、减量化措施、最小化措施、重建措施、修复补救措施

B．预防措施、最小化措施、减量化措施、修复补救措施、重建措施

C．最小化措施、减量化措施、预防措施、修复补救措施、重建措施

D．最小化措施、减量化措施、预防措施、重建措施、修复补救措施

14. 根据《规划环境影响评价技术导则（试行）》，关于规划环境影响评价原则，说法正确的是（　　）。

A．规划环境影响评价可不进行公众参与

B．规划环境影响评价的深度可低于规划的层次和详尽程度

C．规划环境影响评价应在规划编制后介入，并将对环境影响的考虑充分融入

到规划中

D. 规划环境影响评价应当把与该规划相关的政策、规划、计划以及相应的项目联系起来，做整体性考虑

15. 根据《规划环境影响评价技术导则（试行）》，（　　　）不属于省级工业规划环境影响评价的基本内容。

A. 拟定跟踪评价计划

B. 规划各产品工艺参数合理性分析

C. 不同规划方案对环境质量的影响

D. 拟议规划方案与环境保护规划协调性分析

16. 根据《规划环境影响评价技术导则（试行）》，关于规划环境影响评价的环境目标和评价指标，说法正确的是（　　　）。

A. 规划环境影响评价的评价指标必须是定量的

B. 规划环境影响评价的环境目标均应是可以进行监测的

C. 规划环境影响评价的评价指标是环境目标的具体化描述

D. 规划环境影响评价的环境目标只是指规划设定的环境目标

17.《规划环境影响评价技术导则》适用于国务院有关部门、（　　　）及其有关部门组织编制的规划的环境影响评价。

A. 市级以上地方人民政府　　　　B. 县级以上地方人民政府

C. 设区的市级以上地方人民政府　　D. 设区的市级以上环境保护行政部门

18. 规划环境影响评价应尽可能在规划编制的（　　　）介入，并将对环境的考虑充分融入规划中。

A. 评审阶段　　　　B. 末期　　　　C. 中期　　　　D. 初期

19. 规划环境影响评价的工作深度应当与规划的层次、详尽程度相一致。其符合规划环境影响评价原则中的（　　　）。

A. 整体性原则　　　　　　　　　B. 早期介入原则

C. 一致性原则　　　　　　　　　D. 可操作性原则

20. 一项规划的环境影响评价应当把与该规划相关的政策、规划、计划以及相应的项目联系起来，做（　　　）考虑。

A. 整体性　　　　B. 全局性　　　　C. 宏观性　　　　D. 综合性

21. 在规划环境影响评价过程中（　　　）公众参与，充分考虑社会各方面利益和主张。

A. 必须有　　　B. 鼓励和支持　　　C. 最好有　　　D. 不需

22. 规划环境影响评价必须科学、客观、公正，综合考虑规划实施后对各种环境要素及其所构成的（　　　）可能造成的影响，为决策提供科学依据。

A．生物群落　　　B．生态系统　　　C．生态环境　　　D．生态景观

23．规划环境影响评价应当尽可能选择简单、实用、经过实践检验可行的评价方法，评价结论应具有（　　）。

A．理论性　　　B．可观赏性　　　C．前沿性　　　D．可操作性

24．下列（　　）原则不属于规划环境影响评价的原则。

A．早期介入　　　B．可比性　　　C．科学、客观、公正

D．公众参与　　　E．可操作性

25．规划环境影响评价针对各规划方案，拟定环境保护对策和措施，确定（　　）。

A．环境可行的推荐规划方案　　　B．经济可行的推荐规划方案

C．替代规划方案　　　D．经济—技术可行的规划方案

26．规划环境影响分析与评价，包括预测和评价（　　）对环境保护目标、环境质量和可持续性的影响。

A．该规划方案　　　B．不同规划方案（不包括替代方案）

C．不同规划方案（包括替代方案）　　　D．主要规划方案

27．规划环境影响评价在确定环境目标和评价指标时，须按照有关的环境保护政策、法规和标准拟定或确认环境目标，选择（　　）的评价指标。

A．客观的　　　B．非量化　　　C．量化　　　D．量化和非量化

28．规划环境评价中拟定环境保护对策与措施时，应遵循（　　）的原则。

A．经济—技术合理搭配　　　B．防治结合

C．最小化、减量化、无害化原则　　　D．预防为主

二、不定项选择题（每题的备选项中至少有一个符合题意）

1.下列由国务院有关部门、设区的市级以上人民政府及其有关部门组织编制的规划中，应做规划环境影响评价的是（　　）。

A．土地利用的有关规划　　　B．区域建设、开发利用规划

C．流域建设、开发利用规划　　　D．海域建设、开发利用规划

2.开展规划环境影响评价时，采用的环境影响识别方法一般包括（　　）。

A．内插法　　　B．矩阵法

C．网络法　　　D．GIS支持下的系统图法

3.《规划环境影响评价技术导则》适用于（　　）。

A．长江流域水资源综合规划

B．某直辖市城市总体发展规划

C．某集团关于十一五发展规划

D．某省国土资源局关于土地利用规划

4.根据《规划环境影响评价技术导则》，规划分析应对拟议的规划目标、指标、规划方案与（　　　）的关系进行分析。

A．环境现状
B．环境保护规划
C．规划的环境影响预测
D．相关的其他发展规划

5.根据《规划环境影响评价技术导则》，对规划方案的主要环境影响进行预测的内容有（　　　）。

A．累积影响
B．直接影响
C．间接影响
D．经济效益

6.根据《规划环境影响评价技术导则（试行）》，规划环境影响评价原则有（　　　）。

A．满足规划区内项目的需要
B．公众参与
C．早期介入
D．可操作性

7.《规划环境影响评价技术导则（试行）》规定的规划环境影响评价原则有（　　　）。

A．科学、客观、公正
B．中期介入
C．公众参与
D．可操作性

8．依据《规划环境影响评价技术导则（试行）》，拟定规划环境影响评价环境目标需要考虑的因素有（　　　）。

A．有关环境保护政策
B．实施环境现状监测单位的监测能力
C．有关法规、标准
D．环境敏感要素

9．下列规划中，环境影响评价适用《规划环境影响评价技术导则（试行）》的有（　　　）。

A．国家煤化工发展规划

B．某中央企业"十二五"发展规划

C．某省旅游部门组织编制的旅游开发专项规划

D．某设区的市级林业部门组织编制的林业开发专项规划

10．规划环境影响分析与评价，包括预测和评价不同规划方案（包括替代方案）对（　　　）的影响。

A．环境保护目标
B．生态完整性
C．可持续性
D．环境容量
E．环境质量

11．规划环境现状分析与评价的主要内容有（　　　）。

A．社会经济背景分析及相关的社会、经济与环境问题分析，确定当前主要环境问题及其产生原因

B．分析确定规划区主要相关环境介质的环境容量，研究提出合理的污染物排放总量控制方案

C. 生态敏感区（点）分析，确定评价范围内对被评价规划反应敏感的地域及环境脆弱带

D. 环境保护和资源管理分析，确定受到规划影响后明显加重，并且可能达到、接近或超过地域环境承载力的环境因子

E. 规划区内污染物排放对区内、外环境敏感地区的环境影响分析

12. 规划环境现状调查与分析常用的方法有（　　）。

A. 资料收集与分析　　　　　　B. 专业判断法

C. 类比分析法　　　　　　　　D. 现场调查与监测

13. 规划现状调查内容应包括（　　）。

A. 工程　　　　B. 环境　　　　C. 社会　　　　D. 历史　　　　E. 经济

14. 下列关于规划环境目标和评价指标的叙述，错误的有（　　）。

A. 规划环境影响评价中的环境目标包括规划涉及的区域和/或行业的环境保护目标，以及规划设定的环境目标

B. 环境目标是评价指标的具体化描述

C. 环境目标可以是定性的或定量化的

D. 评价指标是可以进行监测、检查的

E. 评价指标是环境目标的具体化描述

15. 规划分析的基本内容包括（　　）。

A. 规划区能源结构分析　　　B. 规划目标的协调性分析

C. 规划方案的初步筛选　　　D. 确定规划环境影响评价内容和评价范围

E. 规划的描述

16. 确定规划环境影响评价的地域范围通常考虑（　　）因素。

A. 地域的现有地理属性、自然资源特征或人为的边界

B. 已有的管理边界，如行政区等

C. 地域的现有人文属性　　　D. 地域的民俗属性

参考答案

一、单项选择题

1. C　2. D　3. C　4. B　5. B　6. B　7. C　8. A　9. D　10. C　11. B
12. B　13. B　14. D
15. B　【解析】2010 年考题。规划环评主要涉及宏观性问题。
16. C　【解析】2010 年考题。规划环境影响评价的环境目标与规划设定的环

境目标有所不同。

17. C 【解析】为了不重复出题，至于哪些规划需要环境影响评价，详细内容请参考《相关法律法规》科目。但"一土三域"规划再次提醒，即土地利用的有关规划，区域、流域、海域的建设、开发利用规划。

18. D 19. C 20. A 21. B 22. B 23. D

24. B 【解析】除 ACDE 选项外，还缺一致性、整体性原则。

25. A 26. C 27. D 28. D

二、不定项选择题

1. ABCD 【解析】2006 年考题。"一地三域"属规划环评导则的适用范围。

2. BCD 【解析】2006 年考题。除本题的三种方法外，还有核查表法、层次分析法、情景分析法。

3. ABD

4. BD 【解析】2007 年考题。规划分析的基本内容应包含与其他规划的关系的分析。

5. ABC 【解析】2007 年考题。规划有一定的时段，除预测直接影响外，累积、间接影响是必须要考虑的。

6. BCD 【解析】2008 年考题。本题考查规划环境影响评价的原则，选项 A 主要是"整体性原则"的一部分。

7. ACD 【解析】2009 年考题。高频考点，本题考察规划环境影响评价的原则。

8. ACD 【解析】2009 年考题。实施环境现状监测单位的监测能力不是规划环境影响评价环境目标需要考虑的因素。

9. AC D 【解析】2010 年考题。某中央企业也是企业，不是规划环评的范围。

10. ACE

11. ACD 【解析】选项 B 和 E 是开发区环境影响分析与评价的相关内容。选项 C 的生态敏感区（点）主要有特殊生境及特有物种、自然保护区、湿地、生态退化区、特有人文和自然景观以及其他自然生态敏感点等。

12. AD 13. BCE

14. BC 【解析】选项 C 在《规划环境影响评价技术导则》中的原文是：评价指标可以是定性的或定量化的。

15. BCDE 【解析】开发区规划方案初步分析的内容中包括开发规划目标的协调性分析，注意两者的异同点。

16. AB

第十章　建设项目环境风险评价技术导则

一、单项选择题（每题的备选项中，只有一个最符合题意）

1.环境风险评价中的最大可信事故是指在所有预测概率不为零的事故中（　　）的事故。

    A. 发生概率最大　　　　　　　　B. 安全隐患最大

    C. 造成财产损失最大　　　　　　D. 对环境（或健康）危害最严重

2.某拟建项目的环境风险评价中，最大可信事故风险值 R_{max} 与同行业可接受风险水平 R_L 相比，$R_{max} > R_L$。下列关于该项目环境风险可接受性的判断，正确的是（　　）。

    A. 可以接受

    B. 采取进一步减少事故的措施后可以接受

    C. 即使采取进一步减少事故的措施，也不可以接受

    D. 采取进一步减少事故的措施后，重新评价其环境风险后再进行判断

3.下列对于环境风险评价与安全评价之间关系的表述，正确的是（　　）。

    A. 安全评价包括环境风险评价

    B. 环境风险评价与安全评价不相关

    C. 安全评价即是环境风险评价

    D. 安全评价的资料可用于环境风险评价

4. 按照《建设项目环境风险评价技术导则》，环境风险评价工作级别判定依据是（　　）。

    A. 行业特点、重大危险源判定结果以及环境敏感程度

    B. 环境敏感程度、贮存危险性物质数量以及物质危险性

    C. 环境敏感程度、重大危险源判定结果以及物质危险性

    D. 物质危险性、重大危险源判定结果以及贮存危险性物质数量

5. 按照《建设项目环境风险评价技术导则》，一级环境风险评价的完整工作内容是（　　）。

    A. 对事故影响说明影响范围和程度，提出应急措施

    B. 对事故影响说明影响范围和程度，制定应急措施

C. 定量预测，提出防范措施，制定应急预案

D. 定量预测，说明影响范围和程度，提出防范、减缓和应急措施

6. 《建设项目环境风险评价技术导则》中，环境风险分为（　　）三种类型。

A. 火灾、爆炸、中毒　　　　　　　B. 爆炸、恶臭、中毒

C. 火灾、泄漏、恶臭　　　　　　　D. 爆炸、泄漏、火灾

7. 环境风险评价中，如项目的最大可信事故风险值处于可接受水平，说明（　　）。

A. 应对该项目其他事故进行风险计算　　B. 该项目不存在环境风险

C. 该项目不需要制定应急预案　　　　　D. 该项目仍需制定应急预案

8. 以下适用于《建设项目环境风险评价技术导则》的是（　　）。

A. 核建设项目　　　　　　　　　　B. 化肥厂氨罐扩建项目

C. 火电厂供水系统改造项目　　　　D. 新建维修厂通风系统项目

9. 甲、乙、丙、丁四个项目均存在重大危险源，各项目所涉及的危险源分别为剧毒危险性物质、一般毒性危险物质、可燃易燃危险性物质和爆炸危险性物质，从危险源角度判断下述需要进行二级评价的是（　　）项目。

A. 甲　　　　　　B. 乙　　　　　　C. 丙　　　　　　D. 丁

10. 根据《建设项目环境风险评价技术导则》，涉及氰化钠生产、使用、贮运的建设项目，其环境风险评价工作级别为一级的条件是（　　）。

A. 所有氰化钠生产项目　　　　　B. 环境敏感地区

C. 安全评价认为存在问题　　　　D. 非重大危险源

11. 根据《建设项目环境风险评价技术导则》，以下可不作为二级环境风险评价基本内容的是（　　）。

A. 源项分析　　B. 后果计算　　C. 风险识别　　D. 风险管理

12. 根据《建设项目环境风险评价技术导则》，以下应进行环境风险评价的建设项目是（　　）。

A. 钢材物流中心　　　　　　　　B. 海滨浴场

C. 鞭炮贮运仓库　　　　　　　　D. 核电站

13. 以下风险事故不适用《建设项目环境风险评价技术导则》的是（　　）。

A. 甲醇罐爆炸　　　　　　　　　B. 液氨罐爆炸

C. 天然气田井喷　　　　　　　　D. 炼油厂污水处理厂输送管道断裂

14. 《建设项目环境风险评价技术导则》规定的环境风险评价工作程序是（　　）。

A. 源项分析、风险识别、后果计算、风险计算和评价、风险管理

B. 风险识别、源项分析、后果计算、风险计算和评价、风险管理

C. 风险识别、后果计算、源项分析、风险计算和评价、风险管理

D．源项分析、后果计算、风险识别、风险计算和评价、风险管理

15．下列建设项目不适用《建设项目环境风险评价技术导则》的是（　　）。

A．核建设项目 B．铁矿矿山新建项目

C．电子芯片新建项目 D．钢铁厂高炉扩建项目

16．根据《建设项目环境风险评价技术导则》，（　　）属于环境风险事故。

A．试车期间的超标排放

B．突然停电造成有毒有害物质的泄露

C．大修前设备、管道吹扫造成的超标排放

D．生活污水处理装置运行异常造成的超标排放

17．根据《建设项目环境风险评价技术导则》，环境风险评价工作程序中源项分析阶段的工作目标是（　　）。

A．确定风险值 B．确定危害程度

C．确定重大风险源 D．确定最大可信事故

18．根据《建设项目环境风险评价技术导则》，（　　）不属于风险识别范围。

A．公用工程系统 B．环境风险水平

C．工程环保设施 D．生产过程排放的"三废"污染物

19．根据《建设项目环境风险评价技术导则》，在进行风险计算和评价时，目前暂不对风险事故损害后果进行评价的是（　　）。

A．致畸、致癌等慢性损害后果

B．半致死浓度范围内的人口分布

C．水生生态损害阈浓度范围内的水生生态分布

D．工作场所短时间接触允许浓度范围内的人口分布

20．《建设项目环境风险评价技术导则》不适用（　　）的环境风险评价。

A．有色金属冶炼加工项目 B．核建设项目

C．化学纤维制造项目 D．石油和天然气开采与炼制项目

21．《建设项目环境风险评价技术导则》适用于涉及有毒有害和易燃易爆物质的（　　）等的新建、改建、扩建和技术改造项目（不包括核建设项目）的环境风险评价。

A．生产、使用、贮运 B．生产

C．生产、使用 D．生产、贮运

22．最大可信事故是指在所有预测的概率（　　）的事故中，对环境（或健康）危害最严重的重大事故。

A．为零 B．大于1 C．不为零 D．大于或等于1

23．环境风险评价的目的是分析和预测建设项目存在的潜在危险、有害因素，建设项目（　　）可能发生的突发性事件或事故，引起有毒有害和易燃易爆等物质

泄漏，所造成的人身安全与环境影响和损害程度，提出合理可行的防范、应急与减缓措施，以使建设项目事故率、损失和环境影响达到可接受水平。

    A．建设期间　　　　　　　　　　B．运行期间

    C．建设、运行、退役期间　　　　D．建设和运行期间

24．在条件允许的情况下，可利用（　　）开展环境风险评价。

    A．风险值　　　　　　　　　　　B．类比法

    C．安全评价数据　　　　　　　　D．最大可信灾害事故风险值

25．根据评价项目的物质危险性和功能单元重大危险源判定结果，以及环境敏感程度等因素，将环境风险评价工作划分为（　　）。

    A．一、二、三级　　　　　　　　B．二、三级

    C．一、二、三、四级　　　　　　D．一、二级

26．如环境风险评价的区域位于环境敏感地区，则该建设项目的环境风险评价工作等级为（　　）。

    A．三级　　　　B．二级　　　　C．一级　　　　D．一级或二级

27．重大危险源是指长期或短期生产、加工、运输、使用或贮存危险物质，且危险物质的数量（　　）临界量的功能单元。

    A．等于　　　　B．等于或超过　　　　C．等于或低于　　　　D．超过

28．环境风险一级评价应按《建设项目环境风险评价技术导则》对事故影响进行（　　）预测，说明影响范围和程度，提出防范、减缓和应急措施。

    A．定量　　　　B．定性　　　　C．定量或定性　　　　D．半定量

29．如评价项目的物质危险源属非重大危险源，其环境风险评价工作等级为（　　）。

    A．三级　　　　B．二级　　　　C．一级　　　　D．一级或二级

30．环境风险评价工作程序的第一步骤是（　　）。

    A．源项分析　　　　B．后果计算　　　　C．风险识别　　　　D．风险评价

31．在环境风险评价工作环节中，在源项分析后应做（　　）工作。

    A．应急措施　　　　B．后果计算　　　　C．风险识别　　　　D．风险评价

32．在环境风险评价工作环节中，如果经风险评价得出"可接受风险水平"，则应提出（　　）。

    A．应急措施　　　　　　　　　　B．风险管理指标

    C．风险管理方案　　　　　　　　D．风险后管理方案

33．风险识别范围包括生产设施风险识别和（　　）。

    A．公用工程系统风险识别　　　　B．生产原材料风险识别

    C．生产产品风险识别　　　　　　D．生产过程涉及的物质风险识别

34. 在风险识别环境资料的收集过程中，重点收集（　　）资料。

　　A. 厂址周边环境　　　　　　　　B. 人口分布

　　C. 区域环境资料　　　　　　　　D. 厂址内环境

35. 风险识别风险类型，根据有毒有害物质放散起因，分为（　　）类型。

　　A. 一种　　　　B. 二种　　　　C. 三种　　　　D. 四种

36. 风险识别风险类型，根据（　　），分为火灾、爆炸和泄漏三种类型。

　　A. 有毒有害物质扩散规律　　　　B. 有毒有害物质产生的后果

　　C. 有毒有害物质性质　　　　　　D. 有毒有害物质放散起因

37. 根据有毒有害物质放散起因，环境风险类型分为（　　）三种类型。

　　A. 一级、二级、三级　　　　　　B. 重大危险源、中等危险源、一般危险源

　　C. 有毒、易燃、爆炸　　　　　　D. 火灾、爆炸和泄漏

38. 大气环境风险评价，首先（　　）。

　　A. 计算浓度分布　　　　　　　　B. 计算浓度最大值和最小值

　　C. 计算损害范围　　　　　　　　D. 计算损害值

39. 大气环境风险评价，首先计算浓度分布，然后按（　　）规定的短时间接触容许浓度给出该浓度分布范围及在该范围内的人口分布。

　　A.《工业企业设计卫生标准》　　B.《工作场所有害因素职业接触限值》

　　C.《危险废物贮存污染控制标准》　D.《工业场所有害因素职业接触限值》

40. 在制定风险防范措施时，厂址及周围居民区、环境保护目标应设置（　　）。

　　A. 空间防护距离　　　　　　　　B. 安全防护距离

　　C. 卫生防护距离　　　　　　　　D. 防火间距

41. 在制定风险防范措施时，厂区周围工矿企业、车站、码头、交通干道等应设置（　　）。

　　A. 安全防护距离和防火间距　　　B. 安全防护距离

　　C. 卫生防护距离和防火间距　　　D. 空间防护距离和防火间距

二、不定项选择题（每题的备选项中至少有一个符合题意）

1. 下列项目中，可根据《建设项目环境风险评价技术导则》开展环境风险评价的有（　　）。

　　A. 新建铜火法冶炼项目　　　　　B. 城市煤气管网改造项目

　　C. 核电站建设项目　　　　　　　D. 甲醇扩能改造项目

　　E. 火电厂氨法脱硫环保治理工程

2. 环境风险评价中，重大危险源识别包括对（　　）的识别。

　　A. 贮运系统　　　　　　　　　　B. 环境功能区

　　C. 环境敏感性　　　　　　　　　　D. 生产设施

3. 环境风险评价中，物质风险识别包括对（　　）的识别。

　　A. 主要原辅材料　　　　　　　　　B. 中间产品

　　C. 燃料　　　　　　　D. 产品　　　　　　　　E. 设备

4. 某建设项目环境风险评价中，可用于源项分析的资料有（　　）。

　　A. 同类项目的事故统计

　　B. 项目周边的环境保护目标

　　C. 防止毒物向环境转移的措施

　　D. 装置、贮罐危险和毒性物质的在线量调查

5. 按照《建设项目环境风险评价技术导则》，环境风险评价必须收集的资料有
（　　）。

　　A. 安全评价资料　　　　　　　　　B. 可行性研究报告

　　C. 供气供电专项报告　　　　　　　D. 周围环境人口调查资料

6. 根据《建设项目环境风险评价技术导则》，以下属于环境风险防范措施的有
（　　）。

　　A. 油罐区周边设置围堰　　　　　　B. 调整总图平面布置

　　C. 设置污水处理调节池　　　　　　D. 氨贮罐区设置水喷淋装置

　　E. 减少、限制危险物质贮存量

7.《建设项目环境风险评价技术导则》规定的环境风险评价工作重点有（　　）。

　　A. 事故引起厂（场）界内人群伤害的防护

　　B. 事故引起厂（场）界外人群伤害的预测

　　C. 事故引起厂（场）界外人群伤害的防护

　　D. 事故引起厂（场）界内人群伤害的预测

8. 已知甲醇、乙醚属易燃化学品，苯、甲苯属有毒化学品。根据《建设项目环
境风险评价技术导则》，下列化学品仓库中，属于重大风险源的有（　　）。

　　A. 贮存物品为甲醇，设计贮存量为600 t（临界量为500 t）

　　B. 贮存物品为甲苯，设计贮存量为450 t（临界量为500 t）

　　C. 贮存物品为苯、甲苯，苯设计贮存量为25 t（临界量为50 t），甲苯贮存量
　　　　为200 t（临界量为500 t）

　　D. 贮存物品为甲醇、乙醚，甲醇设计贮存量为300 t（临界量为500 t），乙醚
　　　　设计贮存量为300 t（临界量为500 t）

9.《建设项目环境风险评价技术导则》适用于涉及有毒有害和易燃易爆物质的
生产、使用、贮运等的（　　）的环境风险评价。

　　A. 新建项目　　　　　　　B. 扩建项目　　　　　　　C. 改建项目

D. 技术改造项目　　　　　E. 核建设项目

10. 下列（　　）新建、改建、扩建和技术改造项目需要开展环境风险评价。

A. 信息化学品制造、化学纤维制造　　　B. 有色金属冶炼加工

C. 石油和天然气开采与炼制　　　　　D. 化学原料及化学品制造

E. 采掘业

11. 环境风险评价中指的突发性事件或事故一般不包括（　　）。

A. 技术设计引发爆炸　　　　B. 自然灾害

C. 人为破坏　　　　　　　　D. 机器故障引发大面积溢油

12. 环境风险评价的工作重点是（　　）。

A. 事故对生态系统影响的预测和防护

B. 事故引起厂（场）界外环境质量的恶化

C. 事故引起厂（场）界外人群的伤害

D. 事故引起厂（场）界外生产、生活设施的破坏

13. 环境风险评价的工作等级是依据评价项目的（　　）等因素来划分的。

A. 工程特点　　　　　　　　B. 物质危险性

C. 功能单元重大危险源判定结果　　D. 环境敏感程度

14. 风险识别范围包括（　　）。

A. 生产设施风险识别　　　　B. 项目所处地理位置风险识别

C. 项目所处气象条件风险识别　　D. 生产过程涉及的物质风险识别

15. 物质风险识别范围包括（　　）。

A. 主要原材料及辅助材料、燃料　　B. 中间产品

C. 最终产品　　　　　　　　D. 贮运系统

E. 生产过程排放的"三废"污染物

16. 物质危险性识别主要对项目涉及的（　　）进行危险性识别和综合评价，
筛选环境风险评价因子。

A. 易碎、易裂物质　　　　　B. 有毒有害物质

C. 易燃物质　　　　　　　　D. 易爆物质

17. 物质风险识别的类型包括（　　）。

A. 火灾　　　　B. 爆炸　　　　C. 泄漏　　　　D. 洪灾

18. 风险值是风险评价表征量，包括（　　）。

A. 事故的发生时间　　　　　B. 事故的危害程度

C. 事故的发生概率　　　　　D. 事故的危害概率

19. 对以生态系统损害为特征的事故风险评价，按损害的生态资源的价值进行
比较分析，给出（　　）。

A．损害范围　　　B．浓度分布　　　C．损害值　　　D．损害阈

20．鉴于目前毒理学研究资料的局限性，风险值计算对（　　）等慢性损害后果目前尚不计入。

A．急性死亡

B．非急性死亡的致伤、致残

C．非急性死亡的致畸、致癌

D．呼吸道疾病

21．风险防范措施包括（　　）、消防及火灾报警、系统紧急救援站或有毒气体防护站设计等。

A．工艺技术设计安全防范措施

B．自动控制设计安全防范措施

C．电气、电讯安全防范措施

D．危险化学品贮运安全防范措施

E．选址、总图布置和建筑安全防范措施

22．在制定风险防范措施时，厂区总平面布置要符合防范事故要求，有（　　）。

A．应急救援设施

B．应急救援通道

C．防火、防爆、防中毒处理系统

D．防腐方案

E．应急疏散及避难所

23．应急计划区中的危险目标包括（　　）。

A．装置区　　　B．贮罐区　　　C．运输区　　　D．环境保护目标

24．事故应急救援关闭程序与恢复措施的内容包括（　　）。

A．事故现场控制和清除污染措施

B．规定应急状态下的报警通讯方式、通知方式

C．规定应急状态终止程序

D．邻近区域解除事故警戒及善后恢复措施

E．事故现场善后处理，恢复措施

参考答案

一、单项选择题

1．D　2．D　3．D　4．C　5．D　6．D

7．C　【解析】2006 年考题。考察最大可信事故风险值处于可接受水平是否需要制定应急预案。

8．B　【解析】2007 年考题。建设项目环境风险评价技术导则的适用范围关键要抓住"有无有毒有害、易燃易爆物质"这几个关键词。

9．B　【解析】2007 年考题。这类出题形式要求对评价等级表格中的内容熟悉，

请考生引起重视。

10．B　【解析】2008 年考题。环境敏感地区工作级别全部为一级。

11．B　【解析】2008 年考题。考察二级环境风险评价基本内容，后果计算类似于定量预测。二级评价对风险识别、源项分析和对事故影响进行简要分析，提出防范、减缓和应急措施。

12．C　【解析】2008 年考题。该题关键是要抓住"有毒有害、易燃易爆物质"。

13．D　【解析】2009 年考题。该题还是应关键抓住"有毒有害、易燃易爆的物质"。

14．B　【解析】2009 年考题。环境风险评价工作程序也是环境风险评价的基本工作内容。

15．A

16．B　【解析】2010 年考题。环境风险事故的概念需抓住"突发性"这个关键词。

17．D　【解析】2010 年考题。其他几个选项不属考察源项分析阶段的工作目标。

18．B　19．A　20．B　21．A　22．C　23．D　24．C　25．D　26．C　27．B　28．A　29．B　30．C　31．B

32．A　【解析】如果经风险评价得出"不可接受风险水平"，则应进行"风险管理"工作，然后再进行深入的"源项分析"。

33．D　34．B　35．C　36．D　37．D　38．A　39．B　40．C　41．A

二、不定项选择题

1．ABDE　【解析】2006 年考题。环境风险评价导则的适用范围不包括核电站。

2．AD　【解析】2006 年考题。重大危险源识别不包括环境。

3．ABCD

4．AD　【解析】2007 年考题。源项分析类似于项目环评的工程分析中的源强分析。

5．ABD　【解析】2007 年考题。供气供电专项报告不属环境风险评价必须收集的资料。

6．ABDE

7．BC　【解析】2009 年考题。环境风险评价应把事故引起厂（场）界外人群的伤害、环境质量的恶化及对生态系统影响的预测和防护作为评价工作重点。

8．A　【解析】2010 年考题。危险性物质的数量等于或超过临界量的功能单元，定为重大危险源。

9. ABCD　10. ABCDE　11. BC　12. ABC　13. BCD　14. AD　15. ABCE
16. BCD　17. ABC　18. BC　19. AC　20. ABC　21. ABCDE

22. ABE　【解析】选项 C 属"工艺技术设计安全防范措施"。

23. ABD　24. CDE

第十一章 建设项目竣工环境保护验收 技术规范—生态影响类

一、单项选择题（每题的备选项中，只有一个最符合题意）

1．根据《建设项目竣工环境保护验收技术规范—生态影响类》，以下尚不具备验收调查运行工况要求的是（　　）。

  A．环保设施正常运行，运量达到设计能力50%，但运行稳定的铁路工程

  B．已正常运行但产油量只达到50%的油田开发工程

  C．生产能力达到80%的矿山采选工程

  D．生产能力达到75%的农业开发项目

2．根据《建设项目竣工环境保护验收技术规范—生态影响类》，以下表述符合验收调查标准确定原则的是（　　）。

  A．只需按现行的环境保护标准进行验收调查

  B．按环境影响评价文件批复后颁布的标准进行验收调查

  C．按环境影响评价文件规定的标准验收调查，不用考虑现行标准

  D．现阶段暂时还没有标准的可按实际调查给出结果

3．根据《建设项目竣工环境保护验收技术规范—生态影响类》，验收调查一般包括的时段是（　　）。

  A．工程前期、施工期、试运行期

  B．工程前期、施工期、运行期

  C．施工期、试运行期、运行期

  D．试运行期、运行期、退役期

4．根据《建设项目竣工环境保护验收技术规范—生态影响类》，以下不属于公路建设工程验收调查的重点是（　　）。

  A．核实实际工程内容变更情况

  B．环境保护制度执行情况

  C．汽车尾气对公路收费人员身体健康的危害

  D．工程环保投资情况

5．依据《建设项目竣工环境保护验收技术规范生态影响类》，验收调查工作阶段划分正确的是（　　）。

A．初步调查、详细调查、编制调查报告三个阶段

B．初步调查、编制实施方案、详细调查、编制调查报告四个阶段

C．准备、初步调查、编制实施方案、详细调查、编制调查报告五个阶段

D．确定项目来源、准备、编制实施方案、详细调查、编制调查报告五个阶段

6.依据《建设项目竣工环境保护验收技术规范生态影响类》，验收调查时段划分为（　　）。

A．施工期、运行期两个时段

B．施工期、试运行期两个时段

C．工程前期、施工期、试运行期三个时段

D．工程前期、施工期、试运行期、运行期四个时段

7.某建成的高速公路项目，短期内交通量无法达到设计能力的 75%。依据《建设项目竣工环境保护验收技术规范生态影响类》，该公路项目可进行竣工环境保护验收调查的运行工况要求是（　　）。

A．必须等待交通达到设计能力的 75%或以上

B．应在车辆畅通、交通量达到设计能力的 50%或以上

C．在主体工程运行稳定、环保设施运行正常的条件下，交通量必须达到设计能力的 30%或以上

D．应在主体工程运行稳定、环保设施运行正常的条件下进行，注明实际调查工况

8.某工程竣工环境保护验收调查时，发现工程存在一些环保问题，依据《建设项目竣工环境保护验收技术规范生态影响类》，该工程竣工环境保护验收的结论是（　　）。

A．建议不通过竣工环境保护验收

B．建议对部分工程通过竣工环境保护验收

C．对存在环保问题的工程提出整改方案后，建议通过竣工环境保护验收

D．限期整改后，建议通过竣工环境保护验收

9．根据《建设项目竣工环境保护验收技术规范　生态影响类》，验收调查的时段一般划分为（　　）。

A．施工期、运行期和试运行期　　　　B．施工期、运行近期和运行远期

C．工程前期、施工期和试运行期　　　D．工程前期、运行近期和运行远期

10．某建成的高速公路项目，短期内交通量无法达到设计能力的75%。根据《建设项目竣工环境保护验收技术规范生态影响类》，该公路项目可进行竣工环境保护验收调查的运行工况要求是（　　）。

A．必须等待交通量达到设计能力的 75%或以上

B. 应在主体工程运行稳定、交通量必须达到设计能力的 60%或以上

C. 应在主体工程运行稳定、环境保护设施运行正常的条件下，交通量必须达到设计能力的 30%或以上

D. 应在主体工程运行稳定、环境保护设施运行正常的条件下进行．注明实际调查工况

11. 在某工程竣工环境保护验收中，发现部分工程主要污染物的排放未达标。根据《建设项目竣工环境保护验收技术规范生态影响类》，该工程竣工环境保护验收调查结论是（　　　）。

A. 建议暂不通过竣工环境保护验收

B. 建议不通过竣工环境保护验收

C. 限期整改后，建议通过竣工环境保护验收

D. 提出整改方案后，建议通过竣工环境保护验收

12. 下列（　　　）行业不属于《建设项目竣工环境保护验收技术规范—生态影响类》的适用范围。

A. 风力发电　　　　　B. 火电　　　　　C. 高压输变电线路　　　　　D. 渔业

13. 验收调查工作可分为（　　　）个阶段。

A. 二　　　　　　　　B. 三　　　　　　　　C. 四　　　　　　　　D. 五

14. 对于公路、铁路、轨道交通等线性工程以及港口项目，验收调查应在工况稳定、生产负荷达到近期预测生产能力（或交通量）（　　　）以上的情况下进行。

A. 65%　　　　　B. 70%　　　　　C. 75%　　　　　D. 80%

15. 对于水利水电项目、输变电工程、油气开发工程（含集输管线）、矿山采选验收调查时，按（　　　）执行。

A. 行业特征

B. 工况稳定、生产负荷达到近期预测生产能力75%以上的情况下

C. 工况稳定、生产负荷达到近期预测生产能力70%以上的情况下

D. 地方环境保护标准

16. 对分期建设、分期投入生产的建设项目（如水利、水电项目分期蓄水、发电等）应（　　　）开展验收调查工作。

A. 按设计能力　　　　　B. 全部竣工后　　　　　C. 按工序　　　　　D. 分阶段

17. 生态影响类项目环保竣工验收调查时，原则上采用建设项目（　　　）经环境保护部门确认的环境保护标准与环境保护设施工艺指标进行验收。

A. 环境影响评价阶段　　　　　　　B. 初步设计阶段

C. 可研阶段　　　　　　　　　　　D. 修订新颁布的环境保护标准

18. 生态影响类项目环保竣工验收调查时，如出现了修订新颁布的环境保护标

准时，建设项目验收标准采用（　　）验收。

A. 环境影响评价阶段环保部门认可的标准

B. 修订新颁布的环境保护标准

C. 地方标准

D. A 和 B 都可以

19. 生态影响类项目环保竣工验收调查时，如现阶段暂时还没有环境保护标准的可按（　　）给出结果。

A. 发达国家环境保护标准　　　　B. 实际调查情况

C. 国外其他国家环境保护标准　　D. 临时制订环境保护标准

20. 工程调查时提供工程平面布置图（或线路走向示意图），应标注（　　）。

A. 主要工程设施　　　　　　　　B. 主要工程设施和环境敏感目标

C. 环境敏感目标　　　　　　　　D. 主要建筑物、河流、道路、人口分布

21. 生态影响的环境保护措施主要是针对（　　）的保护措施。

A. 居住区　　　　　　　　　　　B. 水环境

C. 生态敏感目标（水生、陆生）　D. 水土流失防治

22. 涉及范围区域较大、人力勘察较为困难或难以到达的建设项目，其生态影响调查的方法往往采用（　　）。

A. 文件资料调查　　　　　　　　B. 现场勘察

C. 公众意见调查　　　　　　　　D. 遥感调查

23. 生态影响调查的现场勘察时，勘察区域与勘察对象应基本能覆盖建设项目所涉及区域的（　　）以上。

A. 90%　　　　　B. 80%　　　　　C. 70%　　　　　D. 60%

24. 生态影响调查的现场勘察时，对于建设项目涉及的范围较大、无法全部覆盖的，可根据（　　）的原则，选择有代表性的区域与对象进行重点现场勘察。

A. 随机性和典型性　　　　　　　B. 代表性和典型性

C. 随机性和敏感性　　　　　　　D. 网状方格

25. 生态影响调查结论与建议中，总结的内容主要是（　　）。

A. 建设项目对环境影响评价文件及环境影响评价审批文件要求的落实情况

B. 建设项目对环境保护行政主管部门颁布的法律法规的执行情况

C. 建设项目执行环境保护标准的情况

D. 建设项目对环保措施的投入运行情况

二、不定项选择题（每题的备选项中至少有一个符合题意）

1. 根据《建设项目竣工环境保护验收技术规范　生态影响类》，水利工程生态

影响的环境保护措施调查的内容有（　　　）。

　　A．设计中提出的低温水缓解工程措施　　B．渣场挡土墙对野生动物的影响

　　C．施工中设置的野生动物通道　　　　　D．生态用水泄水建筑物

　　2.《建设项目竣工环境保护验收技术规范　生态影响类》规定的验收调查标准的确定原则有（　　　）。

　　A．环境影响评价文件中有明确规定的，按其规定作为验收标准

　　B．现阶段暂时还没有环境保护标准的，可调查类似的项目，用类比结果作为验收标准

　　C．现阶段暂时还没有环境保护标准的，可用物料衡算、热量平衡等数学计算的结果作为验收标准

　　D．现阶段暂时还没有环境保护标准的，可按实际调查情况给出结果

　　3．某石油输送管线（地埋式）设计长度 240 km，在施工中为避让环境敏感点，管线绕行，最终长度 246 km，依据《建设项目竣工环境保护验收技术规范生态影响类》，该工程验收调查的重点有（　　　）。

　　A．工程变更前后的总投资变化情况

　　B．环境敏感目标基本情况及变更情况

　　C．施工期和试运行期公众反映强烈的环境问题

　　D．工程环保投资情况

　　4．依据《建设项目竣工环境保护验收技术规范　生态影响类》，某铁矿项目竣工环境保护验收调查中，其工程概况调查内容包括（　　　）。

　　A．地理位置　　　　　　　　　　　　　B．项目组成

　　C．项目工程量　　　　　　　　　　　　D．项目环保投资效益分析

　　5．根据《建设项目竣工环境保护验收技术规范　生态影响类》，关于验收调查标准，说法正确的有（　　　）。

　　A．对已修订新颁布的环境保护标准，按新标准进行验收

　　B．现阶段暂时还没有环境保护标准的可按实际调查情况给出结果

　　C．环境影响评价文件和环境影响评价审批文件中有明确规定的，按其规定作为验收标准

　　D．原则上采用环评阶段经环境保护部门确认的环境保护标准与环境保护设施工艺指标进行验收

　　6．根据《建设项目竣工保护验收技术规范　生态影响类》，某高速公路采取的下列措施中，属于环境保护措施的有（　　　）。

　　A．边坡防护工程　　　　　　　　　　　B．野生动物通道

　　C．取弃土场平整绿化　　　　　　　　　D．服务区人工景观工程

7. 《建设项目竣工环境保护验收技术规范—生态影响类》规定了生态影响类建设项目竣工环境保护验收调查（　　）。

　　A. 总体要求　　　　　　　　　　B. 实施方案的编制要求

　　C. 监测内容和技术的要求　　　　D. 调查报告的编制要求

8. 下列（　　）行业属《建设项目竣工环境保护验收技术规范—生态影响类》的适用范围。

　　A. 管道运输　　　　　B. 牧业　　　　　　　C. 海岸带开发

　　D. 区域、流域开发　　E. 高压输变电线路

9. 下列（　　）行业属《建设项目竣工环境保护验收技术规范—生态影响类》的适用范围。

　　A. 城市道路　　　B. 天然气开采

　　C. 风力发电　　　D. 农业　　　　　　E. 旅游开发

10. 验收调查工作可分为（　　）阶段。

　　A. 准备　　　　　B. 初步调查　　　　　C. 编制实施方案

　　D. 详细调查　　　E. 编制调查报告

11. 对于（　　）项目，验收调查应在工况稳定、生产负荷达到近期预测生产能力（或交通量）75%以上的情况下进行。

　　A. 公路　　　　　B. 铁路　　　　　C. 油气集输管线

　　D. 港口　　　　　E. 轨道交通

12. 下列关于生态影响类项目环保竣工验收调查采用标准的说法，正确的有（　　）。

　　A. 对已修订新颁布的环境保护标准应按新标准验收

　　B. 环境影响评价文件和环境影响评价审批文件中有明确规定的按其规定作为验收标准

　　C. 现阶段暂时还没有环境保护标准的可按实际调查情况给出结果

　　D. 环境影响评价文件和环境影响评价审批文件中没有明确规定的，可按法律、法规、部门规章的规定参考国家、地方或发达国家环境保护标准

13. 根据工程建设过程，生态影响类项目环保验收调查时段一般分为（　　）时段。

　　A. 运行期　　　B. 工程前期　　　　C. 施工期　　　D. 试运行期

14. 下列属生态影响类项目环境保护竣工验收调查重点的是（　　）。

　　A. 环境质量和主要污染因子达标情况

　　B. 环境敏感目标基本情况及变更情况

　　C. 实际工程内容及方案设计变更造成的环境影响变化情况

D．环境影响评价制度及其他环境保护规章制度执行情况

E．核查实际工程内容及方案设计变更情况

15．下列属生态影响类项目环境保护竣工验收调查重点的是（　　）。

A．环境影响评价文件及环境影响评价审批文件中提出的主要环境影响

B．工程施工期和试运行期实际存在的及公众反映强烈的环境问题

C．环境保护设计文件、环境影响评价文件及环境影响评价审批文件中提出的环境保护措施落实情况及其效果、污染物排放总量控制要求落实情况、环境风险防范与应急措施落实情况及有效性

D．验证环境影响评价文件对污染因子达标情况的预测结果

E．工程环境保护投资情况

16．环境敏感目标调查，应调查下列（　　）内容。

A．规模　　　　　　　　　　　　B．地理位置

C．所属管辖行政区　　　　　　　D．所处环境功能区及保护

E．与工程的相对位置关系

17．下列关于环境敏感目标调查的内容和要求，说明正确的是（　　）。

A．环境敏感目标调查的内容应附图、列表说明

B．注明实际环境敏感目标与环境影响评价文件中的变化情况及变化原因

C．环境敏感目标调查的内容可以全部用文字描述

D．环境敏感目标调查的内容包括地理位置、规模、与工程的相对位置关系、所处环境功能区及保护内容等

18．工程调查的内容包括（　　）。

A．提供适当比例的工程地理位置图和工程平面图　　B．工程效果图

C．工程建设过程　　　　　　　　　　　　　　　　D．工程概况

19．工程建设过程属工程调查的内容之一，其应说明下列（　　）内容。

A．环境保护设施设计单位、施工单位和工程环境监理单位

B．工程开工建设时间和投入试运行时间

C．环境影响评价文件完成及审批时间

D．初步设计完成及批复时间

E．建设项目立项时间和审批部门

20．环境保护措施落实情况调查应包括（　　）。

A．给出环境影响评价、设计和实际采取的生态保护和污染防治措施对照、变化情况

B．对环境影响评价文件及环境影响评价审批文件所提各项环境保护措施的落实情况——予以核实、说明

　　C. 社会影响的环境保护措施落实情况

　　D. 生态影响的环境保护措施落实情况

　　E. 污染影响的环境保护措施落实情况

21. 下列（　　　）是生态影响的环境保护措施。

　　A. 移民安置措施　　　　　　　　　B. 低温水缓解工程措施

　　C. 土壤质量保护和占地恢复措施　　D. 生态监测措施

　　E. 生态用水泄水建筑物及运行方案

22. 根据《建设项目竣工环境保护验收技术规范—生态影响类》，水利工程生态影响的环境保护措施调查的内容有（　　　）。

　　A. 设计中提出的低温水缓解工程措施

　　B. 渣场挡土墙对野生动物的影响

　　C. 施工中设置的野生动物通道

　　D. 生态用水泄水建筑物

23. 生态影响调查方法有（　　　）。

　　A. 文件资料调查　　　　B. 现场勘察　　　　C. 公众意见调查

　　D. 类比调查　　　　　　E. 遥感调查

24. 根据建设项目的特点设置生态影响调查内容，一般包括（　　　）。

　　A. 工程沿线生态状况

　　B. 工程占地情况调查

　　C. 工程影响区域内植被情况和水土流失情况调查

　　D. 工程影响区域内生态敏感目标和人文景观的调查

　　E. 工程影响区域内不良地质地段、水利设施、农业灌溉系统情况调查

25. 生态影响调查结论是全部调查工作的结论，编写时重点概括说明（　　　），在此基础上，对环境保护措施提出改进措施和建议。

　　A. 工程建设成后产生的主要环境问题

　　B. 工程建设前后的主要环境问题

　　C. 现有环境保护措施的有效性

　　D. 公众调查的意见

26. 根据生态影响的调查和分析的结果，客观、明确地从技术角度论证工程是否符合建设项目竣工环境保护验收条件，主要包括（　　　）。

　　A. 不能通过竣工环境保护验收

　　B. 建议通过竣工环境保护验收

　　C. 处罚后，建议通过竣工环境保护验收

　　D. 限期整改后，建议通过竣工环境保护验收

参考答案

一、单项选择题

1. A 【解析】2008 年考题。注意不同类别项目验收调查运行工况的不同要求。

2. D 【解析】2008 年考题。高频考点。本题主要考查生态影响类项目验收调查标准确定原则。

3. A　4. C　5. C　6. C

7. D 【解析】2009 年考题。高频考点。运行工况要求除有 75%以上的规定外，还有一些特殊情况需注意。

8. D 【解析】2009 年考题。是否通过验收的结论只有两个，一是通过竣工环境保护验收；二是限期整改后，建议通过竣工环境保护验收。下列情况应提出整改后验收：主要环境保护设施未按要求建设或重大生态保护措施未落实；主要污染物的排放未达标或超过总量控制指标，生态保护效果差距较大的。另外，有群众环保投诉或存在污染纠纷的，应要求建设单位首先妥善解决上述问题，才进行环保验收。

9. C 【解析】高频考点，2010 年考题，2008、2009 年考过此知识点。

10. D 【解析】高频考点，2010 年考题，2009 年考过此知识点。

11. C　12. B　13. D　14. C　15. A　16. D　17. A

18. A 【解析】原则上采用建设项目环境影响评价阶段经环境保护部门确认的环境保护标准与环境保护设施工艺指标进行验收，对已修订新颁布的环境保护标准应提出验收后按新标准进行达标考核的建议。

19. B　20. B　21. C　22. D　23. B　24. A　25. A

二、不定项选择题

1. ABCD 【解析】2008 年考题。四个选项都是环保措施。

2. ABD 【解析】2009 年考题。高频考点。验收调查标准的把握具有应用性，必须掌握的。

3. BCD 【解析】2009 年考题。总投资变化情况并不是验收的重点。

4. ABC 【解析】2009 年考题。环保投资效益分析并不是工程概况调查内容。

5. BCD 【解析】2010 年考题。高频考点。

6. ABC 【解析】2010 年考题。服务区人工景观工程不是环保措施。

7. ABD 【解析】该规范规定了监测内容和监测结果的要求，但没有规定监测技术的要求。

8. ABCDE　9. ABCDE　10. ABCDE

11. ABDE　【解析】对于水利水电项目、输变电工程、油气开发工程（含集输管线）、矿山采选可按其行业特征执行，在工程正常运行的情况下即可开展验收调查工作。

12. BCD　【解析】对已修订新颁布的环境保护标准应提出验收后按新标准进行达标考核的建议。

13. BCD　14. ABCDE　15. ABCDE

16. ABDE　【解析】调查其地理位置、规模、与工程的相对位置关系、所处环境功能区及保护内容等，附图、列表予以说明，并注明实际环境敏感目标与环境影响评价文件中的变化情况及变化原因。

17. ABD　18. ACD　19. ABCDE

20. ABCDE　21. BCDE　22. ABCD　23. ABCE　24. ABCDE　25. AC

26. BD

第十二章 有关固体废弃物污染控制标准

一、单项选择题（每题的备选项中，只有一个最符合题意）

1. 某城镇建设一座生活垃圾填埋处置场，以下能入场填埋的废弃物是（　　）。

    A. 居民厨房垃圾　　　　　　　　　　B. 居民的破旧衣物

    C. 废弃的花木　　　　　　　　　　　D. 禽畜养殖废物

2. 按照《生活垃圾填埋污染控制标准》，以下不属于生活垃圾渗滤液排放控制项目的是（　　）。

    A. pH 值　　　　　　　　　　　　　B. 悬浮物

    C. 生化需氧量　　　　　　　　　　　D. 化学需氧量

3. 根据《生活垃圾填埋场污染控制标准》，生活垃圾填埋场环境监测必须监测的项目是（　　）。

    A. 二氧化硫　　　　　　　　　　　　B. 挥发酚

    C. 大肠菌值　　　　　　　　　　　　D. 动植物油

4.《生活垃圾填埋场污染控制标准》除适用于生活垃圾填埋场建设、运行和封场后的维护与管理外，其部分规定也适用于（　　）的建设、运行。

    A. 与生活垃圾填埋场配套建设的生活垃圾转运站

    B. 与生活垃圾填埋场配套建设的污水处理厂

    C. 生活垃圾焚烧场

    D. 生活垃圾堆肥场

5. 根据《生活垃圾填埋场污染控制标准》，生活垃圾填埋场选址的标高应位于重现期不小于（　　）的洪水位之上，并建设在长远规划中的水库等人工蓄水设施的淹没区和保护区之外。

    A. 100 年一遇　　　　　　　　　　　B. 30 年一遇

    C. 50 年一遇　　　　　　　　　　　　D. 150 年一遇

6. 拟建生活垃圾填埋场有可靠防洪设施的山谷型填埋场，并经过环境影响评价证明（　　）对生活垃圾填埋场的环境风险在可接受范围内。

    A. 地震　　　　B. 泥石流　　　　C. 火灾　　　　D. 洪水

7. 生活垃圾填埋场场址的位置及与周围人群的距离（　　），并经地方环境保护行政主管部门批准。

  A. 应依据环境影响评价结论确定   B. 300 m

  C. 500 m   D. 400 m

  8. 根据《生活垃圾填埋场污染控制标准》，生活污水处理厂污泥经处理后含水率小于（   ），可以进入生活垃圾填埋场填埋处置。

  A. 50%   B. 60%   C. 70%   D. 80%

  9. 根据《生活垃圾填埋场污染控制标准》，（   ）起，现有全部生活垃圾填埋场应自行处理生活垃圾渗滤液并执行规定的水污染排放浓度限值。

  A. 2008 年 7 月 1 日   B. 2010 年 1 月 1 日

  C. 2011 年 7 月 1 日   D. 2012 年 1 月 1 日

  10. 2011 年 7 月 1 日前，现有生活垃圾填埋场无法满足《生活垃圾填埋场污染控制标准》（GB 16889—2008）中表 2 规定的水污染物排放浓度限值要求的，满足相应的条件时可将生活垃圾渗滤液送往（   ）进行处理。

  A. 城市一级污水处理厂   B. 城市三级污水处理厂

  C. 工业区集中污水处理厂   D. 城市二级污水处理厂

  11. 根据《生活垃圾填埋场污染控制标准》，生活垃圾填埋场的填埋工作面上 2 m 以下高度范围内，甲烷的体积百分比应（   ）。

  A. 不大于 0.1%   B. 不小于 0.8%

  C. 不大于 0.5%   D. 不大于 1%

  12. 根据《生活垃圾填埋场污染控制标准》，当生活垃圾填埋场通过导气管道直接排放填埋气体时，导气管排放口的甲烷的体积百分比应（   ）。

  A. 不大于 20%   B. 不大于 15%

  C. 不大于 10%   D. 不大于 5%

  13. 生活垃圾转运站产生的渗滤液，应在转运站内对渗滤液进行处理，（   ），总汞、总镉、总铬、六价铬、总砷、总铅等污染物浓度限值达到《生活垃圾填埋场污染控制标准》（GB 16889—2008）中表 2 规定的浓度限值，其他水污染物排放控制要求由企业与城镇污水处理厂根据其污水处理能力商定或执行相关标准。

  A. 排入环境水体的

  B. 排入设置城市污水处理厂的排水管网的

  C. 排入未设置污水处理厂的排水管网的

  D. 自行处理的

  14. 下列废物不适用《危险废物贮存污染控制标准》的是（   ）。

  A. 石棉   B. 重金属   C. 金属淤泥   D. 尾矿

  15. 根据《危险废物贮存污染控制标准》，危险废物贮存设施的底部必须（   ）。

　　A．低于地下水最高水位　　　　　　B．高于地下水最高水位

　　C．高于地下水最低水位　　　　　　D．低于地下水最低水位

16．根据《危险废物贮存污染控制标准》，危险废物贮存设施的场界应位于居民区（　　）以外，地表水域 150 m 以外。

　　A．800 m　　　B．600 m　　　C．500 m　　　D．1 000 m

17．根据《危险废物贮存污染控制标准》，危险废物贮存设施应位于居民中心区（　　）最大风频的下风向。

　　A．多年　　　B．近 5 年　　　C．常年　　　D．近 3 年

18．根据《危险废物贮存污染控制标准》，危险废物贮存设施应选在地质结构稳定，地震烈度不超过（　　）的区域内。

　　A．6 度　　　B．7 度　　　C．8 度　　　D．9 度

19．根据《危险废物贮存污染控制标准》，危险废物贮存设施的基础必须防渗，防渗层为至少（　　）厚黏土层（渗透系数 $\leqslant 10^{-7}$ cm/s）。

　　A．1 m　　　B．2 m　　　C．3 m　　　D．1.5 m

20．某企业拟建设危险废物贮存设施，其选址邻近一条小河，根据《危险废物贮存污染控制标准》，该贮存设施场界必须距小河（　　）m 以外。

　　A．100　　　B．150　　　C．200　　　D．250

21．根据《危险废物填埋污染控制标准》，危险废物填埋地下水位应在不透水层（　　）m 以下，否则须提高防渗设计标准。

　　A．1　　　B．3　　　C．5　　　D．6

22．根据《危险废物焚烧污染控制标准》，以下符合焚烧厂选址基本要求的是（　　）。

　　A．建在 GB 3838 中规定的地表水环境质量Ⅱ类功能区

　　B．建在 GB 3095 中规定的环境空气质量二类功能区

　　C．建在人口密集的居住区

　　D．建在居民区主导风向的上风向区

23．根据《危险废物贮存污染控制标准》，以下不符合危险废物贮存设施选址基本要求的是（　　）。

　　A．区域地质结构稳定，地震裂度 6 度

　　B．场界位于居民区 1 000 m 外

　　C．设施底部低于地下水最高水位 1m

　　D．位于居民中心区常年最大风频的下风向

24．以下不适用《危险废物填埋污染控制标准》的有（　　）。

　　A．含汞废物填埋　　　　　　　　B．含放射性废物填埋

　　C. 卤化物溶剂填埋　　　　　　　D. 含氰化物填埋

25. 根据《危险废物填埋污染控制标准》，危险废物填埋场场址必须位于（　　）的洪水标高线以上，并在长远规划中的水库等人工蓄水设施淹没区和保护区之外。

　　A. 30 年一遇　　　　　　　　　　B. 50 年一遇
　　C. 80 年一遇　　　　　　　　　　D. 100 年一遇

26. 根据《危险废物填埋污染控制标准》，危险废物填埋场场址必须有足够大的可使用面积以保证填埋场建成后具有（　　）或更长的使用期，在使用期内能充分接纳产生的危险废物。

　　A. 10 年　　　　B. 20 年　　　　C. 30 年　　　　D. 40 年

27. 根据《危险废物填埋污染控制标准》，危险废物填埋场距飞机场、军事基地的距离应在（　　）以上。

　　A. 2 000 m　　　　B. 3 000 m　　　　C. 4 000 m　　　　D. 5 000 m

28. 根据《危险废物填埋污染控制标准》，危险废物填埋场场界应位于居民区（　　）以外，并保证在当地气象条件下对附近居民区大气环境不产生影响。

　　A. 500 m　　　　B. 600 m　　　　C. 700 m　　　　D. 800 m

29. 根据《危险废物填埋污染控制标准》，危险废物填埋场场址距地表水域的距离不应小于（　　）。

　　A. 50 m　　　　B. 100 m　　　　C. 150 m　　　　D. 200 m

30. 根据《危险废物焚烧污染控制标准》，危险废物焚烧厂不允许建设在（　　）主导风向的上风向地区。

　　A. 农业区　　　　B. 商业区　　　　C. 工业区　　　　D. 居民区

31. 根据《一般工业固体废弃物贮存、处置场污染控制标准》，一般工业固体废弃物贮存、处置场分为（　　）。

　　A. Ⅰ级场和Ⅱ级场　　　　　　　　B. Ⅰ类场和Ⅱ类场
　　C. 1 类场和 2 类场　　　　　　　　D. Ⅰ类场、Ⅱ类场、Ⅲ类场

32. 根据《一般工业固体废弃物贮存、处置场污染控制标准》，一般工业固体废弃物贮存、处置场应选在工业区和居民集中区主导风向下风侧，厂界距居民集中区（　　）以外。

　　A. 500 m　　　　B. 600 m　　　　C. 700 m　　　　D. 800 m

33. 根据《一般工业固体废弃物贮存、处置场污染控制标准》，一般工业固体废弃物贮存、处置场禁止选在江河、湖泊、水库（　　）的滩地和洪泛区。

　　A. 最高水位线以上　　　　　　　　B. 最低水位线以下
　　C. 最高水位线以下　　　　　　　　D. 最低水位线以上

34. 根据《一般工业固体废弃物贮存、处置场污染控制标准》，一般工业固体废

弃物贮存、处置场禁止选在江河、湖泊、水库最高水位线以下的滩地和（　　）。

    A．洪泛区　　　　　　　　　　　　B．蓄滞洪区

    C．防洪保护区　　　　　　　　　　D．蓄洪区

35．根据《一般工业固体废弃物贮存、处置场污染控制标准》，一般工业固体废弃物贮存、处置Ⅱ类场应选在防渗性能好的地基上，天然基础层地表距地下水位的距离不得小于（　　）。

    A．4.5 m　　　　B．3.5 m　　　　C．2.5 m　　　　D．1.5 m

36．根据《一般工业固体废物贮存、处置场污染控制标准》，当Ⅱ类场址天然基础层渗透系数大于（　　）cm/s 时，需采用天然或人工材料构筑防渗层。

    A．1×10^{-7}　　　　　　　　　　　B．1×10^{-9}

    C．1×10^{-11}　　　　　　　　　　D．1×10^{-12}

37．根据《一般工业固体废物贮存、处置场污染控制标准》，贮存、处置场的大气污染物控制项目为（　　）。

    A．H_2S　　　　　　　　　　　　　B．NO_x

    C．CO　　　　　　　　　　　　　　D．颗粒物

38．以下适用《一般工业固体废物贮存、处置场污染控制标准》的是（　　）。

    A．煤矸石贮存场设计　　　　　　　B．落地油泥贮存贮运行

    C．含铅废物贮存场监督管理　　　　D．含镍废物贮存场建设

39．根据《一般工业固体废物贮存、处置场污染控制标准》，一般工业固体废物贮存处置场污染控制与监测可以不考虑的是（　　）。

    A．渗滤液　　　　B．噪声　　　　C．地下水　　　　D．大气

40．根据《危险废物贮存污染控制标准》的规定，下列符合危险废物贮存设施的选址要求是（　　）。

    A．设施底部低于地下水最高水位线

    B．位于居民中心区冬季最大风频的上风向

    C．场界距居民区 100 m

    D．建在易燃、易爆等危险品仓库、高压输电线防护区域以外

41．根据《危险废物填埋污染控制标准》的规定，下列符合危险废物填埋场选址要求的是（　　）。

    A．距军事基地的距离 300 m

    B．填埋场场址位于 50 年一遇的洪水标高线以上

    C．距地表水域距离为 100 m

    D．场址足够大，以保证建成后具有 10 年以上的使用期

42．根据《危险废物焚烧污染控制标准》的规定，各类焚烧厂不允许建在（　　）

地区。

  A. 居民区主导风向的下风向

  B. 当地全年最小风频的上风向

  C. 居民区主导风向的上风向

  D. 当地全年最小风频的下风向

43. 下列区域中允许建立危险废物焚烧厂的是（　　　）。

  A.《环境空气质量标准》（GB 3095）中的一类功能区

  B.《环境空气质量标准》（GB 3095）中的二类功能区

  C.《地表水环境质量标准》（GB 3838—2002）中的 I 类功能区

  D.《地表水环境质量标准》（GB 3838—2002）中的 II 类功能区

44. 下列废物中，适用《危险废物焚烧污染控制标准》的是（　　　）。

  A. 具有放射性的危险废物　　　　　　B. 生活垃圾

  C. 易爆的危险废物　　　　　　　　　D. 低热值的危险废物

45. 按《一般工业固体废物贮存、处置场污染控制标准》规定，II 类场场址应选在防渗性能好的地基上，天然基础层地表距地下水位的距离不得小于（　　　）m。

  A. 0.8　　　　　　　　　　　　　　B. 1.0

  C. 1.2　　　　　　　　　　　　　　D. 1.5

46. 依据《一般工业固体废物贮存、处置场污染控制标准》，贮存处置场在使用、关闭或封场后对地下水的控制项目，可根据所贮存、处置的固体废物的（　　　）进行选择。

  A. 温度　　　　　　　　　　　　　　B. SS

  C. 特征组分　　　　　　　　　　　　D. 电导率

47. 按照《生活垃圾填埋污染控制标准》，以下不属于生活垃圾渗滤液排放控制项目的是（　　　）。

  A. pH 值　　　　　　　　　　　　　B. 色度

  C. 生化需氧量　　　　　　　　　　　D. 化学需氧量

48. 某企业拟建设危险废物贮存设施，其选址邻近一条小河，根据《危险废物贮存污染控制标准》，该贮存设施场界必须距小河（　　　）m 以外。

  A. 100　　　　　　　　　　　　　　B. 150

  C. 200　　　　　　　　　　　　　　D. 250

49. 根据《危险废物填埋污染控制标准》，危险废物填埋场地下水位应在不透水层（　　　）m 以下，否则须提高防渗设计标准。

  A. 1　　　　　　　　　　　　　　　B. 3

  C. 5　　　　　　　　　　　　　　　D. 6

50．《生活垃圾填埋场污染控制标准》中控制的污染物不包括（　　）。

A．总汞　　　　　　　　　　　　B．总铬

C．总铜　　　　　　　　　　　　D．总铅

51．以下固体废物不适用《危险废物贮存污染控制标准》的是（　　）。

A．废有机溶剂　　　　　　　　　B．铬选矿场的矿砂

C．变电站的废变压器油　　　　　D．汽车制造厂的漆渣

52．依据《危险废物填埋污染控制标准》，关于危险废物填埋场选址，符合要求的是（　　）。

A．地下水位应在不透水层 1.5 m 以下　　B．距离军事基地 2 500 m

C．地质结构相对简单、稳定、没有断层　　D．距地表水的距离不应小于 100 m

53．依据《危险废物焚烧污染控制标准》，关于危险废物焚烧厂选址，符合要求的是（　　）。

A．厂址位于自然保护区内的实验区

B．厂址位于城市商业区

C．厂址远离地表水体，邻近 400 m 有一座化肥厂

D．厂址下风向 500 m 处有一村镇

54．依据《一般工业固体废物贮存、处置场污染控制标准》，可进入一般工业固体废物处置场处置的固体废物是（　　）。

A．厨余垃圾　　　　　　　　　　B．平板玻璃厂的废玻璃

C．电镀厂的含铬渣　　　　　　　D．废弃的电子线路板

55．根据《生活垃圾填埋场污染控制标准》，可作为生活垃圾填埋场选址的区域是（　　）。

A．一般林地　　　　　　　　　　B．活动沙丘区

C．国家保密地区　　　　　　　　D．城市工业发展规划区

56．根据《生活垃圾填埋场污染控制标准》，可直接入场进行填埋的废物是（　　）。

A．生活垃圾焚烧产生的飞灰　　　B．生活垃圾焚烧产生的炉渣

C．危险废物焚烧产生的飞灰　　　D．医疗废物焚烧产生的底渣

57．根据《生活垃圾填埋场污染控制标准》，关于生活垃圾转运站渗滤液的处理方式，说法正确的是（　　）。

A．排到站外的Ⅴ类地表水体中　　B．排到站外的农田灌溉渠中做农肥

C．入自设的防渗池内，自然蒸发　　D．密闭运输到城市污水处理厂处理

58．下列固体废物处置中，（　　）不适用《危险废物填埋污染控制标准》。

A．化工厂的有机淤泥

B. 汽车厂的含油废棉丝

C. 采矿厂的放射性固体废物

D. 皮革制品厂的皮革废物（铬鞣溶剂）

59. 关于危险废物填埋场选址，（   ）符合《危险废物填埋污染控制标准》要求。

  A. 优先选用废弃的矿坑   B. 填埋场与居民区的距离 600 m

  C. 地下水位在不透水层下 1.5 m 处   D. 填埋场建成后可保证使用 15 年

60. 下列固体废物处置中，（   ）不适用《危险废物焚烧污染控制标准》。

  A. 含油污泥   B. 有机磷农药残液

  C. 含汞废活性炭   D. 含硝酸铵的废活性炭

61. 下列固体废物处置中，（   ）适用《一般工业固体废物贮存、处置场污染控制标准》。

  A. 废衣物   B. 废有机溶剂

  C. 电厂粉煤灰   D. 废弃电子线路板

62. 根据《一般工业固体废物贮存、处置场污染控制标准》，某煤矸石贮存场（煤矸石含硫量大于 2%）的大气污染控制项目是（   ）。

  A. TSP、PM_{10} B. TSP、SO_2

  C. CO、SO_2 D. NO_2、SO_2

二、不定项选择题（每题的备选项中至少有一个符合题意）

1. 《生活垃圾填埋场污染控制标准》不适用于（   ）的处置场所。

  A. 生活垃圾填埋   B. 工业固体废物   C. 危险物

  D. 尾矿场   E. 灰渣场

2. 根据《生活垃圾填埋场污染控制标准》，生活垃圾填埋场场址不应选在（   ）。

  A. 农业保护区   B. 文物（考古）保护区

  C. 供水远景规划区   D. 国家保密地区

  E. 自然保护区

3. 根据《生活垃圾填埋场污染控制标准》，生活垃圾填埋场的选址应符合（   ）。

  A. 区域性环境规划   B. 环境卫生设施建设规划

  C. 当地的农业发展规划   D. 当地的城市规划

4. 根据《生活垃圾填埋场污染控制标准》，生活垃圾填埋场场址不应选在（   ）。

  A. 风景名胜区   B. 城市工农业发展规划区

  C. 生活饮用水水源保护区   D. 矿产资源储备区

E．军事要地

5．根据《生活垃圾填埋场污染控制标准》，生活垃圾填埋场场址的选择应避开下列（　　）区域。

A．活动中的坍塌、滑坡和隆起地带　　B．石灰岩溶洞发育带

C．活动沙丘区　　D．稳定的冲积扇及冲沟地区

E．泥炭

6．根据《生活垃圾填埋场污染控制标准》，生活垃圾填埋场场址的选择应避开下列（　　）区域。

A．破坏性地震及活动构造区　　B．活动中的断裂带

C．废弃矿区的活动塌陷区　　D．海啸及涌浪影响区

E．湿地

7．根据《生活垃圾填埋场污染控制标准》，下列废物可以直接进入生活垃圾填埋场填埋处置的是（　　）。

A．未经处理的餐饮废物

B．生活垃圾堆肥处理产生的固态残余物

C．生活垃圾焚烧炉渣（不包括焚烧飞灰）

D．环境卫生机构收集的混合生活垃圾

E．服装加工、食品加工以及其他城市生活服务行业产生的性质与生活垃圾相
　　近的一般工业固体废物

8．根据《生活垃圾填埋场污染控制标准》，下列废物可以直接进入生活垃圾填埋场填埋处置的是（　　）。

A．电子废物

B．企事业单位产生的办公废物

C．医疗废物焚烧残渣（包括飞灰、底渣）

D．含水率小于30%，二噁英含量低于3 μg TEQ/kg 的生活垃圾焚烧飞灰

E．禽畜养殖废物

9．根据《生活垃圾填埋场污染控制标准》，下列废物不得在生活垃圾填埋场中填埋处置的是（　　）。

A．满足相关要求的医疗废物焚烧残渣（包括飞灰、底渣）

B．未经处理的餐饮废物

C．未经处理的粪便

D．禽畜养殖废物

E．电子废物及其处理处置残余物

10．2011年7月1日前，现有生活垃圾填埋场无法满足《生活垃圾填埋场污染

控制标准》（GB 16889—2008）中表2规定的水污染物排放浓度限值要求的，满足下列哪些条件时可将生活垃圾渗滤液送往城市二级污水处理厂进行处理？（　　　）

 A. 生活垃圾渗滤液在填埋场经过处理后，总汞、总镉、总铬、六价铬、总砷、总铅等污染物浓度达到 GB 16889—2008 表2规定浓度限值

 B. 城市二级污水处理厂每日处理生活垃圾渗滤液总量不超过污水处理量的1%，并不超过城市二级污水处理厂额定的污水处理能力

 C. 生活垃圾渗滤液应均匀注入城市二级污水处理厂

 D. 不影响城市二级污水处理厂的污水处理效果

11. 根据《生活垃圾填埋场污染控制标准》，生活垃圾填埋场不得建设在下列地区的是（　　　）。

 A. 居民密集居住区

 B. 国务院和国务院有关主管部门及省、自治区、直辖市人民政府划定的自然保护区、风景名胜区、生活饮用水源地和其他需要特别保护的区域内

 C. 直接与航道相通的地区

 D. 活动的坍塌地带、断裂带、地下蕴矿带、石灰坑及溶岩洞区

 E. 地下水补给区、洪泛区、淤泥区

12. 根据《生活垃圾填埋场污染控制标准》，一般情况，下列是生活垃圾填埋场渗滤液排放控制项目的是（　　　）。

 A. DO B. SS C. COD D. BOD_5 E. 大肠菌值

13.《危险废物贮存污染控制标准》适用于危险废物的（　　　）。

 A. 产生者 B. 经营者 C. 使用者 D. 管理者

14.《危险废物焚烧污染控制标准》适用于除（　　　）以外的危险废物焚烧设施的设计、环境影响评价、竣工验收以及运行过程中的污染控制管理。

 A. 易爆 B. 易燃 C. 剧毒 D. 具有放射性

15. 根据《危险废物焚烧污染控制标准》，集中式危险废物焚烧厂不允许建设在人口密集的（　　　）。

 A. 文化区 B. 商业区 C. 工业区 D. 居住区

16. 根据《危险废物焚烧污染控制标准》，危险废物焚烧厂不允许建设在下列功能区的是（　　　）。

 A. 地表水环境质量Ⅰ类功能区 B. 环境空气质量一类功能区

 C. 环境空气质量二类功能区 D. 地表水环境质量Ⅱ类功能区

17. 根据《危险废物焚烧污染控制标准》，危险废物焚烧厂不允许建设在下列区域的是（　　　）。

 A. 水产养殖区   B. 集中式生活饮用水地表水源一级保护区

C. 风景名胜区　　　　　　　D. 集中式生活饮用水地表水源二级保护区

E. 农村地区

18. 根据《危险废物焚烧污染控制标准》，符合危险废物填埋场选址要求的有（　　）。

A. 距人畜居栖点 500 m　　　　　B. 场界应位于地表水域 150 m 以外

C. 建在溶洞区　　　　　　　　D. 建在距离军事基地 5 km 外

19. 《一般工业固体废弃物贮存、处置场污染控制标准》适用于（　　）的一般工业固体废物贮存、处置场的建设、运行和监督管理。

A. 新建　　　B. 扩建　　　C. 改建　　　D. 已经建成投产　　　E. 退役

20. 《一般工业固体废弃物贮存、处置场污染控制标准》不适用于（　　）填埋场。

A. 纺织工业垃圾　　　　　　　B. 危险废物

C. 生活垃圾　　　　　　　　　D. 水泥工业垃圾

21. 根据《一般工业固体废弃物贮存、处置场污染控制标准》，下列关于一般工业固体废弃物贮存、处置场场址选择要求的说法，正确的是（　　）。

A. 所选场址应符合当地城乡建设总体规划要求

B. 应避开断层、断层破碎带、溶洞区，以及天然滑坡或泥石流影响区

C. 禁止选在自然保护区、风景名胜区和其他需要特别保护的区域

D. Ⅱ类场应优先选用废弃的采矿坑、塌陷区

E. Ⅰ类场应避开地下水主要补给区和饮用水源含水层

22. 根据《一般工业固体废弃物贮存、处置场污染控制标准》，属于自燃性煤矸石的贮存、处置场，大气以（　　）为控制项目。

A. 二氧化氮　　　B. 二氧化硫　　　C. 一氧化碳　　　D. 颗粒物

23. 根据《一般工业固体废弃物贮存、处置场污染控制标准》，下列关于一般工业固体废弃物贮存、处置场的地下水的控制项目，说法错误的有（　　）。

A. 工业固体废弃物关闭或封场后的控制项目，可选择所贮存、处置的固体废物的特征组分为控制项目

B. 贮存、处置场投入使用前，以 GB/T 14848 规定的项目为控制项目

C. 贮存、处置场投入使用前，以所贮存、处置的固体废物的特征组分为控制项目

D. 使用过程中和关闭或封场后的控制项目，以 GB/T 14848 规定的项目为控制项目

24. 《一般工业固体废弃物贮存、处置场污染控制标准》适用于（　　）的一般工业固体废弃物贮存、处置场的建设、运行和监督管理。

A. 新建　　　　　　　　　　　　　B. 扩建

C. 改建　　　　　　　　　　　　　D. 已经建成投产

25. 某危险废物填埋场选址位于荒山沟里，场界周边一公里内无居民区，地下水位在不透水层 1 m 以下，场界边缘处有一活动断裂带。据此判断，可能制约该危险废物填埋场选址可行性的因素有（　　）。

A. 地下水位　　　　　　　　　　　B. 现场黏土资源

C. 活动断裂带　　　　　　　　　　D. 无进场道路

26. 根据《生活垃圾填埋污染控制标准》，以下地区不得建设生活垃圾填埋场的有（　　）。

A. 荒山坡　　　　　　　　　　　　B. 城市工农业发展规划区

C. 文物（考古）保护区　　　　　　D. 国家保密地区

27. 根据《危险废物填埋污染控制标准》，以下符合危险废物填埋场选址要求的有（　　）。

A. 距居民点 600 m　　　　　　　　B. 场界应位于地表水域 300 m 以外

C. 建在矿产资源储备区　　　　　　D. 建在距离飞机场 4 000 m 外

28. 依据《生活垃圾填埋场污染控制标准》，生活垃圾填埋场选址应避开的区域有（　　）。

A. 经济林区　　　　　　　　　　　B. 成片一般农田

C. 活动沙丘区　　　　　　　　　　D. 城市规划区

29. 《一般工业固体废物贮存、处置场污染控制标准》规定的 Ⅱ 类场场址选择要求有（　　）。

A. 应避开断层、溶洞区　　　　　　B. 选在地下水主要补给区

C. 选在江河最高水位线以下的滩地　D. 地下水位应在不透水层 1.5 m 以下

30. 下列活动中，适用《生活垃圾填埋场污染控制标准》的有（　　）。

A. 新建生活垃圾填埋场建设过程中的污染控制

B. 新建生活垃圾填埋场运行过程中的污染控制

C. 现有生活垃圾填埋场运行过程中的污染控制

D. 与生活垃圾填埋场配套建设的生活垃圾转运站的建设、运行

31. 根据《一般工业固体废物贮存、处置场污染控制标准》，场址符合 Ⅱ 类场选择要求的有（　　）。

A. 位于基本农田保护区

B. 不在地下水主要补给区

C. 位于河流最高水位线之上的地区

D. 天然基础层地表距地下水位的距离为 1 m 的地区

参考答案

一、单项选择题

1. D　2. A　3. C　4. A　5. C　6. D　7. A　8. B　9. C　10. D　11. A
12. D

13. B　【解析】排入环境水体或排入未设置污水处理厂的排水管网的渗滤液，应在转运站内对渗滤液进行处理，所有指标达到《生活垃圾填埋场污染控制标准》（GB 16889—2008）表2规定的浓度限值。

14. D　【解析】现把有关固体废物污染控制标准部分指标总结如下：

有关固体废物污染控制标准部分指标比较

标准类型	适用范围	离居民点的距离/m
生活垃圾填埋污染控制标准		—
危险废物贮存污染控制标准	不适用于尾矿	800
危险废物填埋污染控制标准	不适用于放射性废物	800
危险废物焚烧污染控制标准	不适用于放射性和易爆废物	1 000
一般工业固体废物贮存、处置场污染控制标准		500

15. B　16. A　17. C　18. B

19. A　【解析】基础必须防渗，防渗层为至少1 m厚黏土层（渗透系数≤10^{-7} cm/s），或2 mm厚高密度聚乙烯，或至少2 mm厚的其他人工材料，渗透系数≤10^{-10} cm/s。

20. B　21. B　22. B　23. C　24. B　25. D　26. A　27. B　28. D　29. C
30. D　31. B　32. A　33. C　34. A　35. D　36. A　37. D　38. A　39. B　40. D
41. D　42. C　43. C　44. D　45. D　46. C　47. A　48. B　49. B　50. C

51. B　【解析】《危险废物贮存污染控制标准》的适用范围除尾矿外，适合所有的危险废物。铬选矿场的矿砂属于尾矿。

52. C　53. C

54. B　【解析】平板玻璃厂的废玻璃属于一般工业固体废物，厨余垃圾属生活垃圾，其余两个属危险废物。

55. A

56. B　【解析】生活垃圾焚烧飞灰和医疗废物焚烧残渣（包括飞灰、底渣）

经处理后满足下列条件，可以进入生活垃圾填埋场填埋处置。

57. D 【解析】生活垃圾填埋场应设置污水处理装置，生活垃圾渗滤液（含调节池废水）等污水经处理并符合本标准规定的污染物排放控制要求后，可直接排放。

58. C

59. D 【解析】高频考点。选项A为避开的区域，选项B的距离应为800 m，选项C的深度应为3 m。

60. D 【解析】易爆和放射性的危险废物不可燃烧。含硝酸铵的废活性炭具有爆炸性，不适用。

61. C 【解析】选项B和D属危险废物。

62. B

二、不定项选择题

1. BCDE 【解析】选项DE属工业固体废物的一种。

2. ABCDE 3. ABD 4. ABCDE 5. ABCE 6. ABCDE 7. BCDE 8. BD
9. BCDE 10. ACD 11. ABCDE 12. BCDE 13. ABD 14. AD 15. ABD
16. ABD

17. BC 【解析】各类焚烧厂不允许建设在GHZB 1中规定的地表水环境质量Ⅰ类、Ⅱ类功能区和GB 3095中规定的环境空气质量一类功能区。选项A和D属地表水环境质量Ⅲ类功能区。选项E属环境空气质量二类功能区。

18. BD 19. ABCD 20. BC

21. ABC 【解析】Ⅰ类场应优先选用废弃的采矿坑、塌陷区。Ⅱ类场应避开地下水主要补给区和饮用水源含水层。

22. BD

23. CD 【解析】GB/T 14848是指《地下水质量标准》。

24. ABCD 25. AC

26. BCD 【解析】生活垃圾填埋场场址不应选在城市工农业发展规划区、农业保护区、自然保护区、风景名胜区、文物（考古）保护区、生活饮用水水源保护区、供水远景规划区、矿产资源储备区、军事要地、国家保密地区和其他需要特别保护的区域内。

27. BD

28. CD 【解析】生活垃圾填埋场场址不应选在城市工农业发展规划区、农业保护区、自然保护区、风景名胜区、文物（考古）保护区、生活饮用水水源保护区、供水远景规划区、矿产资源储备区、军事要地、国家保密地区和其他需要特别保护的区域内。生活垃圾填埋场场址的选择应避开下列区域：破坏性地震及活动构造区；活动中的坍塌、滑坡和隆起地带；活动中的断裂带；石灰岩熔洞发育带；废弃矿区的活动塌陷区；活动沙丘区；海啸及涌浪影响区；湿地；尚未稳定的冲积扇及冲沟地区；泥炭以及其他可能危及填埋场安全的区域。

29．AD　【解析】高频考点。Ⅰ类、Ⅱ类场场址选择要求的知识点比较重要，考生务必比较记忆。

30．ABCD

31．BC　【解析】选项 A 属禁止行业，选项 D 的距离应为 1.5 m。

参考文献

[1]　环境保护部. 全国环境影响评价工程师职业资格考试大纲（2013 年版）. 北京：中国环境出版社，2013.

[2]　环境保护部环境工程评估中心. 环境影响评价技术导则与标准（2013 年版）. 北京：中国环境出版社，2013.

[3]　环境保护部. 环境影响评价技术导则—总则（HJ 2.1-2011）.

[4]　环境保护部. 环境影响评价技术导则—大气环境（HJ 2.2—2008）.

[5]　国家环保局. 环境影响评价技术导则—地面水环境（HJ/T 2.3—1993）.

[6]　环境保护部. 环境影响评价技术导则—地下水环境（HJ 610－2011）.

[7]　环境保护部. 环境影响评价技术导则—声环境（HJ 2.4—2009）.

[8]　环境保护部. 环境影响评价技术导则—生态影响（HJ 19—2011）.

[9]　国家环保总局. 规划环境影响评价技术导则（试行）（HJ/T 130—2003）.

[10]　国家环保总局. 开发区区域环境影响评价技术导则（HJ/T 131—2003）.

[11]　国家环保总局. 建设项目环境风险评价技术导则（HJ/T 169—2004）.

[12]　国家环保总局. 建设项目竣工环境保护验收技术规范—生态影响类（HJ/T 394—2007）. 北京：中国环境科学出版社，2008.